Hellwich

Stereochemie – Grundbegriffe

K.-H. Hellwich

Stereochemie
Grundbegriffe

2., erweiterte Auflage

Springer

Dr. Karl-Heinz Hellwich
Postfach 10 07 31
63007 Offenbach
E-Post: khellwich@web.de

Bibliografische Information der Deutschen Bibliothek. Die Deutsche Bibliothek verzeichnet diese Publikation in der Deutschen Nationalbibliografie; detaillierte bibliografische Daten sind im Internet über http://dnb.ddb.de abrufbar.

ISBN 978-3-540-71707-2   2. Aufl. Springer Berlin Heidelberg New York
DOI 10:1007/978-3-540-71708-9
ISBN 978-3-540-42347-8   1. Aufl. Springer Berlin Heidelberg New York

Satz und Herstellung: LE-TEX, Jelonek, Schmidt & Vöckler GbR, Leipzig
Einbandgestaltung: WMXDesign, Heidelberg
Gedruckt auf säurefreiem Papier   68/3180 YL – 5 4 3 2 1 0

Dr. phil. nat. Karl-Heinz Hellwich

Jahrgang 1962, studierte 1983–1989 Chemie mit Schwerpunkt Stereochemie an der Johann-Wolfgang-Goethe-Universität, Frankfurt a. M. Neben der anschließenden Forschungstätigkeit über Wirkstoffe zur Regulierung des Fettstoffwechsels im dortigen Institut für Pharmazeutische Chemie lehrte er 1989–1995 Organische Chemie. Außerdem hielt er 1991–2001 Seminare über chemische Nomenklatur, seit 1995 als Lehrbeauftragter. Auf die Berufung zum Gutachter der IUPAC-Kommission für Nomenklatur der Organischen Chemie 1993 folgten ferner langjährig Lehraufträge für Stereochemie und für chemische Nomenklatur im Institut für Pharmazie der Friedrich-Schiller-Universität, Jena. 1996 erfolgte seine Promotion, 1998 wurde er Mitglied der IUPAC-Kommission für Nomenklatur der Organischen Chemie. Nach der Veröffentlichung eines allgemein anerkannten Fachbuches über chemische Nomenklatur und etlicher Fachübersetzungen wurde er 1999 bei der Beilstein GmbH und später im Beilstein-Institut in Frankfurt a. M. angestellt. Seit 2006 ist er ordentliches Mitglied des Division Committees der Chemical Nomenclature and Structure Representation Division der IUPAC.

Vorwort zur ersten Auflage

Die Stereochemie ist heute eines der wichtigsten Teilgebiete der Chemie und wegen der Chiralität der Grundbausteine jeglichen Lebens auch jeder anderen Wissenschaft, in der Chemie eine Rolle spielt, insbesondere der Pharmazie, der Medizin und der Biologie. Die Stereochemie befaßt sich mit den Zusammenhängen zwischen der dreidimensionalen Struktur von Verbindungen und deren Verhalten in chemischen Reaktionen. Der Begriff enthält den Wortteil „Chemie" und gilt daher stets für das gesamte Gebiet der Stereochemie. Seine Reduktion allein auf die Strukturbeschreibung, wie sie bei vielen Lernenden (und leider auch bei manchen Lehrenden) zu beobachten ist, ist in keiner Weise gerechtfertigt. Daß in diesem Buch dennoch die Begriffe deutlich überwiegen, die nur der Strukturbeschreibung dienen, hat einen einfachen Grund. Sie sind das Grundhandwerkszeug, um sich mit Stereochemie beschäftigen zu können. Denn nur aus einer eindeutigen Beschreibung der Struktur einer Verbindung lassen sich deren Einflüsse und Eigenschaften in einer Reaktion und für das Produkt beurteilen.

Da die räumliche Struktur von Molekülen auch in anderen Bereichen als der Chemie wichtig ist, z. B. bei den in der Pharmakologie so bedeutenden Wirkstoff-Rezeptor-Wechselwirkungen, ist eine eindeutige und einheitliche Terminologie gerade über die Grenzen der einzelnen naturwissenschaftlichen Disziplinen hinweg unerläßlich.

Hier möchte dieses Buch sowohl Studierenden als auch in der Praxis stehenden Wissenschaftlern helfen und Anleitung geben und so zur besseren interdisziplinären Verständigung beitragen. Es versteht sich ganz bewußt nicht als Lehrbuch, sondern als lexikalisch aufgebaute Einführung in die Terminologie der Stereochemie. Für eine Vertiefung werden die im Literaturanhang genannten einschlägigen Lehrbücher und speziellen Werke empfohlen.

Dem auf dem Gebiet der Stereochemie noch nicht so gewandten Leser wird dringend empfohlen, den Text in Verbindung mit einem Molekülbaukasten zu studieren, um sich die beschriebenen Strukturen besser veranschaulichen zu können, da selbst die beste perspektivische Abbildung nur bedingt einen räumlichen Eindruck vermitteln kann.

Dieses Buch ist zwar von nur einem Autor verfaßt. Dennoch haben viele Menschen zu seiner Entstehung beigetragen, denen ich dafür zu Dank verpflichtet bin. Die Grundlagen für das Verständnis der Stereochemie und die Schärfung meines Sinnes für die Bedeutung einer unmißverständlichen und vollständigen Strukturbeschreibung während meines Studiums in Frankfurt a. M. verdanke ich Prof. G. Quinkert. Mein Doktorvater, Prof. H. Oelschläger, hat mir durch die Erteilung eines Lehrauftrages Gelegenheit gegeben, Probleme der Stereochemie mit einer größeren Zahl von Studierenden zu diskutieren. Mehreren Semestern der Pharmaziestudierenden in Jena gilt mein Dank für ihre engagierte Mitarbeit sowie kritischen Fragen und Anmerkungen. Sie haben mich immer wieder zu intensiverer Beschäftigung mit speziellen Themen angeregt. Ebenso sei an dieser Stelle den Kollegen in der IUPAC-Kommission für Nomenklatur der Organischen Chemie für ihre intensiven Diskussionen und das Ringen um eine internationale Vereinheitlichung der Terminologie gedankt. Mein Dank gilt ferner Dr. C. Siebert, Frankfurt, sowie Dipl.-Ing. M. Schwarz, Darmstadt, für die kritische Lektüre von Teilen des Manuskriptes. Schließlich danke ich dem Springer-Verlag, und hier besonders Frau Dr. M. Hertel, für die stets wohlwollende Förderung dieses Buches.

Offenbach am Main, im Juni 2001   *Karl-Heinz Hellwich*

Vorwort zur zweiten Auflage

Der Erfolg der ersten Auflage der *Stereochemie – Grundbegriffe* ermutigte zur Herausgabe einer aktualisierten und deutlich erweiterten zweiten Auflage dieses Buches. Für die Möglichkeit, diese zu verwirklichen, danke ich dem Springer-Verlag außerordentlich.

In der nun vorliegenden Auflage wurde zuvörderst die Einleitung zur zeichnerischen Darstellung dreidimensionaler Strukturen gemäß den neuen IUPAC-Empfehlungen aktualisiert und um einen Abschnitt zur Darstellung der Konfiguration von Doppelbindungen und chiralen Biarylderivaten erweitert. Neben einigen sprachlichen Verbesserungen und kleineren Korrekturen sind wesentliche inhaltliche Ergänzungen in den Abschnitten absolute Konfiguration, anomerer Effekt, axiale Chiralität, D/L-System, Enantiomer, Epimer, Isomerie, Konformation, Mesoverbindung, Racemat, relative Konfiguration und stereogene Einheit vorgenommen worden. Neu aufgenommen wurden die Abschnitte Bredtsche Regel und Mills-Darstellung. Auch dem Wunsch der Leser nach zusätzlichen Beispielen und mehr Namen für die als Beispiele gewählten Verbindungen wurde entsprochen. Schließlich wurden die Kennzeichnungen der Arzneistoffe und das Literaturverzeichnis auf den aktuellen Stand gebracht sowie das Sachverzeichnis um einige Begriffe erweitert. Alle zu nennen, die in der einen oder anderen Weise direkt oder indirekt Hinweise und Anregungen gegeben haben, die in den Text dieser zweiten Auflage eingeflossen sind, ist unmöglich. Stellvertretend für sie alle danke ich besonders Frau Prof. A. Godt, Bielefeld, sowie den Herren Dr. C. Rücker, Freiburg, Apotheker F. Blasshofer, Düsseldorf, Dr. G. Manzardo, Zürich und Dr. C. D. Siebert, Frankfurt.

Offenbach am Main, im Mai 2007   *Karl-Heinz Hellwich*

Inhaltsverzeichnis

Einleitung

Schon lange, bevor Forscher Kenntnis von der Molekülstruktur hatten, beschäftigten sie sich mit einzelnen Phänomenen der Stereochemie. Bereits 1801 beobachtete Haüy, daß es spiegelsymmetrische Quarzkristalle gibt. Einige Jahre danach beobachtete Biot, daß manche Quarzkristalle die Schwingungsebene des linear polarisierten Lichtes nach rechts drehen, andere dagegen linksdrehend sind. Biot war es auch, der 1815 die optische Aktivität von Campher, Saccharose und Weinsäure feststellte. 1848 nahm Louis Pasteur die erste Enantiomerentrennung vor. Er trennte das Racemat von Ammoniumnatriumtartrat durch mühsame Handauslese der enantiomorphen Kristalle unter dem Mikroskop. Da er zudem beobachtete, daß die optische Aktivität dieser Salze in Lösung erhalten blieb, schloß er 1860 daraus, daß die optische Aktivität eine molekulare Eigenschaft sein müsse, die auf der Spiegelbildlichkeit der Moleküle beruht.

Das war eine sehr weit vorausschauende Vermutung, denn erst 1874 publizierten van't Hoff und Le Bel unabhängig voneinander ihre Vorstellungen vom tetraedrischen Bau der Kohlenstoffverbindungen, die zum damaligen Zeitpunkt heftigstem Widerspruch ausgesetzt waren [1]. Heute ist es für uns selbstverständlich, daß ein gesättigtes Kohlenstoffatom tetraedrisch koordiniert ist und Moleküle folglich dreidimensionale Objekte sind. Für einige Studenten werden die daraus resultierenden und im folgenden diskutierten Isomerenverhältnisse die schwierigsten sein, denen sie in der Organischen Chemie begegnen werden. Aber diese – teilweise schon spitzfindig wirkenden – Unterschiede sind bei der Beschreibung verschiedener Verbindungstypen und Reaktionen ausgesprochen wichtig. Besonders bedeutsam sind die Auswirkungen in der Biochemie, Pharmazie und Medizin.

Der italienische Chemiker Primo Levi (1919–1987) schrieb in seiner 1975 erschienenen Autobiographie „Das periodische System" [2]:

„Man muß dem Fast-Gleichen [...], dem praktisch Identischen, dem Beinahe, dem Oder, allen Surrogaten und allem Machwerk mißtrauen. Die Unterschiede mögen gering sein, aber sie können grundlegend andersartige Auswirkungen haben, wie die Zungen einer Weiche; das Geschäft des Chemikers besteht zum großen Teil darin, vor diesen Unterschieden auf der Hut zu sein, sie zu erkennen und ihre Wirkung vorauszusehen. Nicht nur das Geschäft des Chemikers."

Er schrieb diese Zeilen zwar in einem völlig anderen Zusammenhang, aber wie sehr sie gerade auf Stereoisomere zutreffen, können folgende Beispiele eindrücklich belegen.

Sowohl Schmelz- als auch Siedepunkte von (*E*)-1,2-Dichlorethen (1) und (*Z*)-1,2-Dichlorethen (2) unterscheiden sich deutlich. Ebenso ist *cis*-4-(2-Chlorcyclopropyl)anisol (*rac*-3) bei Zimmertemperatur eine farblose Flüssigkeit. Dagegen bildet die entsprechende *trans*-Verbindung, *rac*-4, Kristalle mit einem Schmelzpunkt von 42–43 °C.

H   Cl   H   H
 \ /   \ /
  C   C
  ‖   ‖
  C   C
 / \   / \
Cl   H   Cl   Cl

1   **2**

Schmp.: −50 °C   Schmp.: −80 °C
Sdp.: +48 °C   Sdp.: +60 °C

H Cl
  ▽ H
       ⟨⟩—OCH₃
3

Cl H
  ▽ H
       ⟨⟩—OCH₃
4

Das Monoterpen (*R*)-Limonen (5) hat einen typischen Geruch nach Orangen. Dessen *S*-Isomer (*ent*-5) dagegen riecht unangenehm minzig bis terpentinartig. Bei hohen Konzentrationen kann unter dem intensiven Terpentingeruch dieser Verbindung auch ein schwaches Zitronenaroma empfunden werden.

Von der Aminosäure Asparagin schmeckt das *R*-Isomer (6) süß, wohingegen das *S*-Isomer (*ent*-6) ohne Geschmack ist. Daß *ent*-6 nicht bitter ist, wie in der Literatur oft zu lesen, sondern tatsächlich keinen oder allenfalls einen schwach mehligen Geschmack aufweist, kann bei dieser physiologisch vorkommenden Aminosäure jeder gefahrlos selbst überprüfen.

5   **6**   **7**

Enantiomere können nicht nur unterschiedliche Reize oder Wirkungen in einem Organismus auslösen, sondern von einem Organismus auch unterschiedlich verarbeitet werden. Dies zeigt sich z. B. bei Ibuprofen, von dem nur das S-Enantiomer (7) analgetisch wirksam ist. Das R-Isomer wird jedoch in vivo unidirektional in das S-Isomer umgewandelt. Der Verlauf dieser Umwandlung über eine nur beim R-Isomer erfolgende anfängliche Aktivierung zum Coenzym A-Ester ermöglicht es auch, daß Ibuprofen kovalent gebunden in das Fettgewebe eingelagert wird.

Die beiden Enantiomere des als Racemat vertriebenen Lipidsenkers Ciprofibrat haben deutlich unterschiedliche Eliminationshalbwertszeiten. Während diese für (S)-(–)-Ciprofibrat (8) $t_{1/2} \approx 24$ h beträgt, ist sie für das R-(+)-Isomer (ent-8) $t_{1/2} \approx 100$ h [3].

Penicillamin (9) ist ein gutes Antirheumatikum und auch sehr wertvoll als Antidot bei Schwermetallvergiftungen sowie bei der Behandlung des Wilson-Syndroms, einer erblichen degenerativen Erkrankung, die unter anderem durch Kupferanreicherung im Gewebe gekennzeichnet ist. Das enantiomere L-Penicillamin (ent-9) hingegen ist ausgesprochen toxisch.

8   **9**   **10**

Bekannter als die Toxizität des L-Penicillamin ist jedoch wegen der nun schon fast fünfzig Jahre zurückliegenden und wohl größten Arzneimittelkatastrophe die teratogene Wirkung von Thalidomid. Diese als Schlafmittel unter dem Namen Contergan® als Racemat (Schmp.: 271 °C) vertriebene Substanz war die Ursache für mehrere Tausend mißgebildeter Neugeborener in den Jahren 1958–1962. Auch nach der Wiedereinführung von Thalidomid zur Behandlung der Leprareaktion sind in Brasilien seit 1993 wieder etliche Fälle mißgebildeter Kinder bekanntgeworden. Nach im Jahre 1979 publizierten Untersuchungen soll bei Ratten und Mäusen bei i.p. Gabe nur das S-Enantiomer (10, Schmp. 241 °C) teratogen sein [4], während frühere Studien zu dem Ergebnis kamen, daß bei Kaninchen nach oraler Applikation keine Unterschiede zwischen den Enantiomeren feststellbar sind [5]. Dies ist erklärlich, wenn man bedenkt, daß sich das Chiralitätszentrum von Thalidomid in α-Position zu einer Carbonylgruppe befindet und daher unter physiologischen Bedingungen dessen Racemisierungshalbwertszeit bei nur ca. zwei Stunden liegt [6]. Die Gabe eines reinen Enantiomers ist in diesem Fall folglich völlig sinnlos, weil mögliche Unterschiede der therapeutischen und unerwünschten Effekte durch die schnelle gegenseitige Umwandlung von (R)-(+)- und (S)-(–)-Thalidomid in vivo weitestgehend verlorengehen dürften.

Zeichnerische Darstellung dreidimensionaler Strukturen

Einer exakten Formeldarstellung kommt im Bereich der Stereochemie eine besondere Bedeutung zu. Sorgfalt ist vor allem der eindeutigen Wiedergabe der Konfiguration einer Verbindung zu widmen. Daneben sollte eine Formel dem Leser die räumliche Vorstellung vom Bau des beschriebenen Moleküls erleichtern. Hierfür gibt es keine strengen Regeln aber eine Reihe sehr nützlicher Übereinkünfte. Ferner ist die Beachtung der Grundregeln der Perspektive dabei sehr hilfreich.

Im allgemeinen wird eine Bindung, die (ungefähr) in der Zeichenebene liegt, als gewöhnliche Linie gezeichnet. Eine Bindung zu einem Substituenten vor der Zeichenebene wird vorzugsweise als fett gezeichneter Keil (Formel 11a), dessen breites Ende entsprechend der Perspektive zum Betrachter weist, dargestellt. Eine einfache fette Linie (Formel 11b) wird heute nicht mehr empfohlen – auch nicht zur Kennzeichnung eines Racemates.

Eine Bindung zu einer Gruppe hinter der Zeichenebene kann durch eine quer gestrichelte „Linie" (Formel **12a**) oder einen gestrichelten Keil dargestellt werden. Dabei sollte der Keil auch hier der Perspektive entsprechen, also sein breites Ende dem Betrachter zugewandt sein (Formel **12b**). Häufig findet man heute in Druckwerken jedoch die gestrichelten Keile in der umgekehrten, perspektivisch falschen Orientierung (Formel **12c**), in der sich – so die gelegentlich genannte „Begründung" – „das schmale Ende am Chiralitätszentrum", befindet.

| **11a** | **11b** | **12a** | **12b** | **12c** | **12d** | **13** |

Die IUPAC empfahl daher jüngst, auf die Verwendung von gestrichelten Keilen gänzlich zu verzichten, weil sie deshalb nicht eindeutig seien. Das gilt jedoch für jede Art fett gezeichneter oder unterbrochener Bindungslinien, wenn sie zwei benachbarte Chiralitätszentren direkt verbinden (Formeln **14a** und **14b**). Dies sollte daher soweit irgend möglich vermieden werden (Formel **14c**). Inzwischen hat die IUPAC ihre Empfehlung, als sie sich gerade durchzusetzen begann, zurückgenommen und empfiehlt nun die Verwendung von Darstellungen wie in Formel **12c**, läßt jedoch auch die zuerst eingeführte Schreibweise wie in Formel **12b** und **12a** zu. In diesem Buch werden, um dem Leser die räumliche Vorstellung des Molekülbaus zu erleichtern, durchweg perspektivisch richtig orientierte Keile wie in Formel **12b** verwendet. Eine einfache unterbrochene Linie wie in Formel **12d** sollte heute für eine partielle Bindung, z. B. eine Wasserstoffbrückenbindung, reserviert bleiben und zur Darstellung der Konfiguration einer Verbindung nicht mehr verwendet werden.

| **14a** | **14b** | **14c** | **15a** | **15b** |

Ist die Konfiguration an einem Chiralitätszentrum nicht bekannt oder liegt ein Gemisch von Isomeren vor, kann, um dies besonders hervorzuheben, statt einer gewöhnlichen Linie eine Wellenlinie (Formel **13**) für die Bindung zu einer Gruppe an dem betreffenden Zentrum gezeichnet werden. In diesem Fall muß im begleitenden Text unbedingt ausgeführt werden, ob es sich bei der so dargestellten Substanz um ein Gemisch oder um ein einzelnes Isomer unbekannter Konfiguration handelt.

Früher wurde vor allem bei gesättigten anellierten Systemen ein dicker Punkt verwendet, um ein oberhalb der Zeichenebene stehendes Wasserstoffatom anzuzeigen (Formel **15a**). Solche Darstellungen sind heute nicht mehr empfohlen und daher zu vermeiden.

16a   **16b**   **16c**   **16d**   **16e**

Tetraedrisch koordinierte Zentren in offenkettigen Verbindungen sollten so gezeichnet werden, daß zwei Bindungen gewinkelt in der Ebene liegen und sich die Bindungen zu Gruppen außerhalb der Ebene am überstumpfen Winkel befinden (Formel **16a**), obgleich auch andere Darstellungen möglich sind (Formeln **16b**–**16e**). Man beachte aber, daß Formeln wie **16f**–**16h** nur sehr schwer – wenn überhaupt – richtig interpretierbar sind (die Formeln **16f** und **16g** beschreiben eher eine wippenartige als eine tetraedrische und **16h** eine zu **16b** spiegelbildliche Struktur). Für tetraedrisch koordinierte Zentren nicht erlaubt sind Formeln wie **17a** oder **17b**. Sie beschreiben quadratisch-planare Strukturen, wie sie z. B. in Platinkomplexen wie dem Cytostatikum Cisplatin (**18**) häufig auftreten.

16f   **16g**   **16h**   **17a**   **17b**   **18**

Bei überbrückten Verbindungen können diese Regeln nicht ein-
gehalten werden. Die Brücke wird meist auf der Seite des kleineren
Winkels gezeichnet werden müssen. Hierfür sind die Formeldarstel-
lungen **19a – 19c** gleichwertig, von denen **19c**, obwohl häufig verwendet,
jedoch nicht empfohlen wird. Formel **19d** ist folglich nicht eindeutig.
Die Konfiguration von substituierten Atomen im Hauptring läßt sich
in solchen Formeln leicht darstellen (Formel **20a**). Eine bezüglich der
Konfiguration an der Brücke eindeutige Zeichnung ist jedoch schwie-
riger (Formel **21a**).

| **19a** | **19b** | **19c** | **19d** | **20a** | **21a** |

| **22** | **20c** | **20b** | **21b** |

Deshalb werden häufig perspektivische Zeichnungen bevorzugt, die
das Molekül aus einer bestimmten Blickrichtung zeigen (Formeln **21b**
und **22**). In solchen Formeln sollten Bindungen, wenn sie von einer vor
ihr liegenden Bindung gekreuzt werden, kurz unterbrochen werden
(Formeln **20b** und **22**). Die Verwendung von Keilen oder unterbrochenen Bindungslinien für Bindungen zu Substituenten (Formel **20c**),
insbesondere wenn sie in der Zeichenebene oder (ungefähr) parallel zu
ihr verlaufen, ist in perspektivischen Formeln unbedingt zu vermeiden. Lediglich Teile des Gerüstes können zur Verdeutlichung mit fett
gezeichneten Bindungen dargestellt werden (Formeln **20b** und **21b**).

In einer Stereoformel in der Zick-Zack-Schreibweise bedeuten auch
das Ende eines Keiles, einer Wellenlinie, einer fett gezeichneten oder

einer unterbrochenen Bindungslinie wie gewöhnlich eine Methylgruppe, wenn dort keine andere Gruppe angegeben ist. Es ist natürlich erlaubt, wo dies zur Deutlichkeit beiträgt, die Wasserstoffatome zu ergänzen. Demnach entspricht die Keilstrichformel **23a** in der Zick-Zack-Schreibweise Darstellung **23b** oder **23c**.

        23a   **23b**   **23c**

Spezielle Projektionsformeln sind die Fischer-Projektion, die Haworth-Projektion, die Newman-Projektion und die Sägebock-Formel (siehe dort).

Einer besonderen Sorgfalt bedarf es auch bei der Darstellung von Doppelbindungen in einer Formel. Nichtkumulierte Doppelbindungen sollten so gezeichnet werden, daß alle Winkel an den an ihnen beteiligten Atomen ungefähr dem tatsächlichen Bindungswinkel von 120° entsprechen (Formel **24**). Eine solche Zeichnung impliziert, da um eine Doppelbindung keine freie Drehbarkeit besteht, auch in der Zick-Zack-Schreibweise eine bestimmte Konfiguration (Formeln **25** [Z-Konfiguration] und **26** [E-Konfiguration]). Wenn dies nicht beabsichtigt ist, muß es durch Verwendung einer wellenförmigen Bindung kenntlich gemacht werden (Formel **27a**) oder eine Darstellung gewählt werden, die keine Konfiguration impliziert. Dies kann durch Ausschreiben des Atomsymbols und der daran gebundenen Gruppen auf einer Zeile geschehen (Formeln **27b** und **27c**) und wiederum im begleitenden Text durch die Angabe zu ergänzen, ob es sich um ein Gemisch oder um ein einzelnes Isomer unbekannter Konfiguration handelt. Lineare Doppelbindungen (Formel **27d**) werden in der Zick-Zack-Schreibweise jedoch nicht empfohlen. Prinzipiell vermieden werden sollte es, die beiden Bindungen an einem Ende einer Doppelbindung auf deren selbe Seite zu zeichnen (Formel **28**).

$$
\underset{24}{\ce{>C=C<}} \quad \underset{25}{} \quad \underset{26}{} \quad \underset{27a}{} \quad \underset{27b}{\overset{CHCH_3}{\underset{CHCH_3}{\|}}} \quad \underset{27c}{H_3CCH=CHCH_3} \quad \underset{27d}{} \quad \underset{28}{}
$$

Für chirale Biphenylderivate oder allgemeiner Biarylderivate (siehe Atropisomerie) wird, soweit keine perspektivische Darstellung gewählt wird, empfohlen, vorzugsweise das eine Ringsystem als in der Zeichenebene liegend zu betrachten und in dem direkt daran gebundenen Ring des anderen Ringsystems die aus der Zeichenebene herausragende Hälfte durch fette Keile und Bindungen zu kennzeichnen (Formel **29a**). Alternativ kann auch nur eine direkt auf die die beiden Ringe verknüpfende Bindung folgende Bindung in einem (Formel **29b**) oder in beiden Ringen (Formeln **29c** und **29d**) als keilförmige Bindung dargestellt werden, jedoch nicht einzelne Bindungen, die weiter von der Ringverküpfungsstelle entfernt sind, insbesondere nicht solche zu Substituenten der Ringe (Formel **29e**).

29a   **29b**   **29c**   **29d**   **29e**

Absolute Konfiguration

Die absolute Konfiguration ist die tatsächliche räumliche Anordnung der Atome einer chiralen Verbindung (oder Gruppe) um die jeweilige stereogene Einheit. Sie kann mit Hilfe verschiedener Arten von Stereodeskriptoren beschrieben werden. Da zur Beschreibung der absoluten Konfiguration meist die Stereodeskriptoren *R* und *S* nach dem CIP-System verwendet werden, versteht man unter absoluter Konfiguration häufig diese Stereodeskriptoren selbst. Obwohl ein solcher Deskriptor die absolute Konfiguration einer stereogenen Einheit einer Verbindung eindeutig beschreibt, ist es dennoch falsch, den Deskriptor selbst als absolute Konfiguration zu bezeichnen. Diesen nicht nur sprachlich feinen Unterschied zu betonen, mag spitzfindig erscheinen. Die Bedeutung dieser Unterscheidung wird jedoch an folgendem Beispiel offensichtlich. Trotz Erhalts der Konfiguration ändert sich beim Ringschluß zur Pyranoseform der Deskriptor für die absolute Konfiguration an C-4 der Glucose. Die Ursache hierfür liegt im sehr starren Formalismus des CIP-Systems, der auch zu ähnlichen Situationen bei der Methylierung oder Acetylierung einzelner Hydroxygruppen von Kohlenhydraten führt.

D-Glucose   β-D-Glucopyranose

Ebenso haben die natürlichen L-Aminosäuren alle die gleiche Konfiguration. Trotzdem erhält L-Cystein im CIP-System im Gegensatz zu den anderen L-Aminosäuren den Deskriptor *R*.

Für Aminosäuren und Kohlenhydrate werden daher zur besseren Vergleichbarkeit der Konfiguration von Derivaten gewöhnlich die als Kapitälchen (also kleiner) gesetzten Stereodeskriptoren D und L zur Beschreibung ihrer absoluten Konfiguration bevorzugt (siehe D/L-System).

$$\text{H}_2\text{N}\overset{\text{COOH}}{\underset{\text{CH}_2\text{OH}}{\overset{|}{\underset{|}{-}}S\text{-H}}} \qquad \text{H}_2\text{N}\overset{\text{COOH}}{\underset{\text{CH}_2\text{SH}}{\overset{|}{\underset{|}{-}}R\text{-H}}}$$

L-Serin   L-Cystein

Für Steroide – und inzwischen für eine Reihe weiterer Naturstoffe – wurden zur Vereinfachung der Beschreibung der absoluten Konfiguration die nicht kursiv gesetzten Stereodeskriptoren α und β eingeführt. Ihre Anwendung zu diesem Zweck setzt voraus, daß es wie bei den Steroiden eine definierte Ebene und eine allgemein anerkannte Orientierung gibt, in der die Formel dargestellt wird. Sind diese Voraussetzungen gegeben, wird Substituenten, die oberhalb der Ebene liegen, der Deskriptor β zugewiesen, solchen, die unterhalb der Ebene liegen, der Deskriptor α. Eine Gruppe, deren Orientierung nicht bekannt ist, erhält den Deskriptor ξ (xi).

Im Namen einer Verbindung werden diese Stereodeskriptoren nur für die Gruppen angegeben, deren Orientierung gegenüber der im Stammnamen definierten geändert oder durch den Stammnamen nicht definiert ist. Für Substituenten stehen sie direkt nach deren Lokanten, für Gruppen, die bereits im Stammnamen eingeschlossen sind, werden sie mit vorangestelltem Lokanten direkt vor dem Namen der Grundstammverbindung eingefügt.

Androsteron   Epiandrosteron
3α-Hydroxy-5α-androstan-17-on   3β-Hydroxy-5α-androstan-17-on

Falls für einzelne Chiralitätszentren die Stereodeskriptoren α und β nicht mehr eindeutig sind, weil jene sich in einer Seitenkette oder in einer nicht zum Grundgerüst der Grundstammverbindung gehörigen Teilstruktur befinden, werden die Stereodeskriptoren *R* und *S* gemäß dem CIP-System verwendet und wie üblich am Beginn des Namens angegeben, z. B. (20*R*)-3β,20-Difluorpregn-5-en (**30**) und (20*R*)-5α-Pregnan-3β,20-diol (**31**). Man beachte, daß die Verwendung der Deskriptoren α und β in der Kohlenhydratnomenklatur einer anderen Definition folgt (siehe Anomer) und bei den *Chemical Abstracts* in bestimmten Fällen auch der Angabe der relativen Konfiguration dient.

Wenn von einer Verbindung die absolute Konfiguration bekannt ist, sollte sie eindeutig und vollständig angegeben werden. Zum Beispiel sollte Verbindung **32** (1*S*,2*S*)-Cyclohexan-1,2-diamin und nicht (+)-*trans*-Cyclohexan-1,2-diamin genannt werden.

Ist von einer Verbindung die relative Konfiguration aller Gruppierungen bekannt, kann ihre absolute Konfiguration vollständig angegeben werden, sobald von einer ihrer stereogenen Einheiten die absolute Konfiguration bekannt ist. Gelegentlich wird dies zur Bestimmung der absoluten Konfiguration einer Verbindung ausgenutzt, indem man sie mit einer enantiomerenreinen Verbindung bekannter Konfiguration derivatisiert, z. B. verestert.

Anomer

Anomere sind eine besondere Art von Epimeren, die bei Kohlenhydraten und analogen Verbindungen auftreten und sich nur in der Konfiguration am sogenannten anomeren Zentrum (oder Anomeriezentrum) unterscheiden. Das anomere Zentrum ist ein Chiralitätszentrum, das bei der Bildung des cyclischen Halbacetals (bei Ketosen des Halbketals) eines Kohlenhydrates am ursprünglichen Carbonylkohlenstoffatom der offenkettigen Form entsteht.

Die Konfiguration am anomeren Zentrum eines Kohlenhydrates wird in der Regel mit Hilfe der nicht kursiv gesetzten Stereodeskriptoren α und β angegeben, die im Namen direkt vor dem Stereodeskriptor D oder L (siehe D/L-System) stehen. Das α-Anomer ist das Isomer, bei dem die Hydroxygruppe am anomeren Zentrum in der Fischer-Projektion auf derselben Seite der Hauptkette steht wie die Hydroxygruppe am anomeren Bezugsatom. Dieses ist bei einfachen Monosacchariden mit dem Atom identisch, dessen Konfiguration über die Zugehörigkeit zur D- oder L-Reihe entscheidet. Daraus folgt, daß das Enantiomer der β-D-Galactopyranose β-L-Galactopyranose ist (und nicht α-L-Galactopyranose). Man beachte, daß die Deskriptoren α und β mit anderer Definition auch zur Beschreibung der absoluten Konfiguration von Naturstoffen, z. B. Steroiden, und bei den *Chemical Abstracts* in bestimmten Fällen auch zur Angabe der relativen Konfiguration verwendet werden.

L-Arabinose

α-L-Arabinopyranose

D-Galactose

β-D-Galactopyranose

Da die cyclische Halbacetalstruktur von Kohlenhydraten mit der tautomeren offenkettigen Form im Gleichgewicht steht und bei der Rückreaktion in die offenkettige Form das Chiralitätszentrum am anomeren Zentrum wieder verlorengeht, ist Epimerisierung an diesem Zentrum besonders leicht möglich. Lösungen reiner Anomerer, deren Drehwert sich in der Regel unterscheidet, zeigen daher meist das Phänomen der Mutarotation.

Anomerer Effekt

Ursprünglich wurde unter anomerem Effekt die thermodynamische Bevorzugung der axialen Position polarer Substituenten am anomeren Zentrum einer Pyranose verstanden. Beispielsweise liegt von Glucose in wäßriger Lösung das α-Anomer mit der axialen Hydroxygruppe in Position 1 im Gleichgewicht zu ca. 36 % vor. Bei Mannose überwiegt im Gleichgewicht das α-Anomer sogar mit 67 %. Diese Bevorzugung gilt auch für andere polare Gruppen wie ein Halogenatom oder die Methoxy-, Acetoxy- und Methylsulfanyl-Gruppen.

Der anomere Effekt wird immer wieder vereinfacht durch die gegenseitige Abstoßung der freien Elektronenpaare des Ringsauerstoffatoms und des Substituenten am anomeren Zentrum erklärt. In der äquatorialen Stellung besteht eine Wechselwirkung des Substituenten am anomeren Zentrum mit zwei freien Elektronenpaaren des Ringsauerstoffatoms, in der axialen Lage jedoch nur mit einem davon. Dadurch wird die synclinale gegenüber der antiperiplanaren Konformation über die O-C-Bindung im Ring begünstigt. Bei dieser vereinfachten Erklärung wird jedoch vernachlässigt, daß die Energieunterschiede zwischen den Konformeren mit dem Substituenten in der axialen und der äquatorialen Stellung wesentlich größer sind, als es durch die Dipol-Dipol-Abstoßung zu erwarten wäre. Aus der zudem im α-Anomer beobachteten Verkürzung der Kohlenstoff-Sauerstoff-Bindung kann schließlich geschlossen werden, daß diese Bindung einen partiellen Doppelbindungscharakter hat, der durch Hyperkonjugation zu erklären ist. Demnach ist der anomere Effekt in der Überlappung eines freien Elektronenpaars des Ringsauerstoffatoms mit dem antibindenden Orbital der exocyclischen Kohlenstoff-Sauerstoff-

Bindung begründet, was nur möglich ist, wenn diese antiperiplanar zueinander stehen.

β-D-Glucopyranose   α-D-Glucopyranose

Eine Bevorzugung der synclinalen Konformation wird auch in offenkettigen Systemen mit der Struktureinheit C-X-C-Y beobachtet, in der X und Y Heteroatome mit freien Elektronenpaaren sind, z. B. das Chlor- und das Sauerstoffatom in Chlor(methoxy)methan. Man spricht in solchen Fällen vom verallgemeinerten anomeren Effekt. Er ist auch die Ursache dafür, daß Poly(oxymethylen) im Gegensatz zur linearen Struktur von Polymethylen helical gebaut ist.

sc   *ap*

Chlor(methoxy)methan

Die für den verallgemeinerten anomeren Effekt gelegentlich verwendete Bezeichnung Gauche-Effekt sollte in diesem Zusammenhang vermieden werden, weil unter dem Gauche-Effekt üblicherweise der Einfluß zweier vicinaler Gruppen X und Y in der Struktureinheit X-C-C-Y auf die Konformation einer Verbindung verstanden wird. Insbesondere sei die Bevorzugung der synclinalen (oder gauche-)Konformation genannt, wenn X und Y in solchen Systemen zwei Fluoratome, wie in 1,2-Difluorethan, oder eine Hydroxygruppe und ein elektronegatives Heteroatom sind. Der Gauche-Effekt kann in diesen

Fällen durch Wasserstoffbrückenbindungen oder durch Hyperkonjugation erklärt werden.

Sowohl der Gauche-Effekt als auch der verallgemeinerte anomere Effekt spielen eine wichtige Rolle bei stereoselektiv verlaufenden Reaktionen.

Asymmetrie

Als asymmetrisch wird ein Objekt oder Molekül bezeichnet, das keine Symmetrieelemente besitzt. Asymmetrie ist damit eine hinreichende, jedoch keine notwendige Bedingung für das Auftreten von Chiralität und folglich von Enantiomeren. Demnach ist jede asymmetrische Verbindung chiral. Umgekehrt muß eine chirale Verbindung jedoch nicht unbedingt auch asymmetrisch sein, denn ein chirales Molekül kann durchaus noch ein Symmetrieelement, nämlich eine Drehachse beliebiger Zähligkeit, besitzen.

Problematisch ist die Verwendung des Wortes asymmetrisch in den Begriffen asymmetrisches Zentrum oder asymmetrisches Kohlenstoffatom. Weil ein Atom nicht asymmetrisch ist, sondern allenfalls asymmetrisch substituiert sein kann – dann nämlich, wenn sich vier konstitutionell verschiedene Substituenten an ihm befinden –, sollte man diese Ausdrücke konsequent durch die richtige und eindeutige Bezeichnung Chiralitätszentrum ersetzen.

Ebenso entstehen in einer asymmetrischen Synthese chirale Moleküle, die nicht unbedingt asymmetrisch sein müssen.

Asymmetrische Synthese

Unter einer asymmetrischen Synthese versteht man eine Reaktion oder eine Reaktionsfolge, bei der aus einer achiralen – zumeist prochiralen – Verbindung die enantiomeren Produkte in ungleichen Mengen entstehen. Man erhält also ein enantiomerenangereichertes oder enantiomerenreines Produkt. Da die Moleküle dieses Produktes zwar chiral, aber nicht unbedingt asymmetrisch sein müssen, wäre es konsequent, die Bezeichnung asymmetrische Synthese durch enantioselektive Synthese zu ersetzen. Es handelt sich bei asymmetrischen Synthesen folglich um eine Untergruppe der stereoselektiven Synthesen, und kein Synonym dafür, denn zu den stereoselektiven Synthesen gehört auch die wesentlich größere Gruppe der diastereoselektiven Reaktionen.

Ebenso ist der Begriff asymmetrische oder enantioselektive Synthese abzugrenzen von der allgemeineren Bezeichnung Synthese enantiomerenreiner Verbindungen (gelegentlich auch im Deutschen EPC-Synthesen genannt; von engl. enantiomerically pure compounds = enantiomerenreine Verbindungen). Hierzu gehören auch Synthesen, in deren Verlauf eine Enantiomerentrennung vorgenommen wird oder die bereits von einer enantiomerenreinen Verbindung ausgehen. In solchen Synthesen können durchaus einzelne Schritte diastereoselektiv sein, es ist jedoch keiner von ihnen enantioselektiv.

Die asymmetrische Synthese verwendet hingegen chirale, nicht racemische Verbindungen lediglich als Hilfsstoffe, die nicht Bestandteil des Endproduktes sind. Hierzu gehören chiral modifizierte Reagenzien, z. B. Borane mit chiralen Substituenten, chirale Lösungsmittel, chirale Katalysatoren, auch Enzyme und Mikroorganismen, oder chirale Auxiliare genannte Reagenzien, die nur vorübergehend kovalent an das Edukt oder ein Zwischenprodukt gebunden werden, um so eine diastereoselektive Synthese durchführen zu können.

Ist das chirale Hilfsmittel keine chemische Verbindung, sondern ein physikalischer Einfluß, z. B. polarisiertes Licht, spricht man von absoluter asymmetrischer Synthese. Hierbei konnten bisher jedoch nur geringe Enantiomerenüberschüsse erzielt werden.

Atropisomerie

Atropisomere sind Stereoisomere, die wegen einer Behinderung der freien Drehbarkeit um Einfachbindungen existieren. Sie sind damit eine Untergruppe der Konformere. Um sie bei Zimmertemperatur getrennt isolieren zu können, muß die Rotationsbarriere der betreffenden Bindungen oberhalb von etwa 100 kJ/mol liegen. Treten keine weiteren stereogenen Einheiten hinzu, bedingt die Chiralitätsachse von Atropisomeren, daß diese Enantiomere sind. Das Phänomen der Atropisomerie tritt vor allem bei mehrfach o-substituierten Biphenylen auf, deren Enantiomere getrennt werden können, wenn alle o-Positionen größere Substituenten tragen als ein Fluoratom oder eine Methoxygruppe. Bekannte Beispiele sind 6,6'-Dinitrobiphenyl-2,2'-dicarbonsäure (**33** und *ent*-**33**), das als chiraler Ligand in Katalysatoren verwendete 1,1'-Bi(2-naphthol) (BINOL) und der Arzneistoff Methaqualon, dessen Enantiomere unterschiedlich starke antikonvulsive Eigenschaften haben [7]. Aber auch bei anderen Verbindungsklassen können Atropisomere auftreten. So wurden z. B. die Enantiomere von 2-(2,5-Dioxo-3,3-diphenylpyrrolidin-1-yl)-3-methylbenzoesäure (**34** und *ent*-**34**) über deren diastereomere Ester getrennt [8].

(R_a)-1,1'-Bi(2-naphthol)

33

34

(R_a)-Methaqualon

Die Konfiguration von Atropisomeren wird wie bei anderen Verbindungen mit Chiralitätsachse vorzugsweise mit den Stereodeskriptoren R_a und S_a beschrieben. Weniger verbreitet ist die Verwendung der Stereodeskriptoren *M* und *P*, wobei die Deskriptoren R_a und *M* bzw. S_a und *P* einander entsprechen.

Axiale Chiralität

Von axialer Chiralität spricht man bei Verbindungen, deren stereogene Einheit eine Chiralitätsachse ist. Der Prototyp für Verbindungen mit Chiralitätsachse sind 1,3-disubstituierte Allene, weshalb früher auch von Allenisomerie gesprochen wurde. Diese zeichnen sich dadurch aus, daß in ihnen zwei Paare unterschiedlicher Substituenten wie die vier Substituenten eines tetraedrisch koordinierten Atoms in zwei zueinander senkrechten Ebenen liegen, jedoch nicht an dasselbe Atom der Verbindung gebunden sind. Ein Spezialfall dieser Art der axialen Chiralität ist die Atropisomerie (siehe dort).

Solche Verbindungen werden durch ein in einer Richtung gestrecktes Tetraeder repräsentiert, das wegen seiner ungleichen Kantenlängen bereits dann chiral ist, wenn sich an jedem Ende der Chiralitätsachse jeweils zwei verschiedene Substituenten befinden, ohne daß sich die Gruppen des einen Paares von denen des Paares am anderen Ende unterscheiden müssen.

Die Konfiguration von Verbindungen mit Chiralitätsachse wird mit den Stereodeskriptoren R_a und S_a angegeben, wobei der Index a, der angibt, daß es sich um einen Deskriptor für eine Chiralitätsachse handelt, nicht weggelassen werden sollte. Die früher daneben für diese Deskriptoren verwendete Schreibweise aR bzw. aS ist obsolet. Die Bestimmung kann aus der Newman-Projektion heraus erfolgen, wobei die Zusatzregel des CIP-Systems, daß die beiden dem Betrachter näherliegenden Substituenten Vorrang vor den weiter entfernten haben, zu beachten ist. Folglich erhalten die beiden dem Betrachter zugewandten Gruppen nach dem CIP-System Rang 1 und 2 und danach die weiter entfernten Rang 3 und 4. Sind nun die Gruppen 1, 2 und 3 in dieser Reihenfolge für den Betrachter im Uhrzeigersinn angeordnet, liegt R_a-Konfiguration vor, wenn sie entgegen dem Uhrzeigersinn angeordnet sind, entsprechend S_a-Konfiguration. Für das Ergebnis dieser Konfigurationsbestimmung ist es unerheblich, von welchem Ende der Chiralitätsachse aus man das Molekül betrachtet.

Die Bestimmung der Konfiguration kann auch aus einem verzerrten Tetraeder heraus erfolgen. Dazu wird der rangniedrigere Substituent an einem Ende der Chiralitätsachse vom Betrachter weg orientiert. Die drei verbleibenden Substituenten werden dann, wie für die Newman-Projektion beschrieben, beginnend am anderen Ende der Chiralitätsachse nach ihrer Rangfolge geordnet. Sind sie dann für den Betrachter in der Reihenfolge abnehmender Priorität im Uhrzeigersinn angeordnet, liegt R_a-Konfiguration vor.

(S_a)-1,5-Dichlorpentatetraen

Gelegentlich werden auch die zur Spezifizierung der helicalen Chiralität verwendeten Deskriptoren P und M zur Angabe der Konfiguration der Chiralitätsachse verwendet. Zu deren Bestimmung wird der Diederwinkel zwischen den jeweils ranghöheren Substituenten an den beiden Enden der Chiralitätsachse betrachtet. Wenn sich für den Betrachter beim Blick entlang der Chiralitätsachse von der ranghöheren Gruppe am für ihn nähergelegenen Ende zum ranghöheren Atom am anderen Ende eine Bewegung im Uhrzeigersinn ergibt, liegt P-Konfiguration vor, so daß die Deskriptoren S_a und P bzw. R_a und M einander entsprechen.

Den Möglichkeiten, wie die zwei Substituentengruppen in zueinander senkrechten Ebenen fixiert werden, sind kaum Grenzen gesetzt, wie die Beispiele von 4-substituierten Cyclohexanonoximen, 2,6-disubstituierten Adamantanen, Alkylidencycloalkanen wie 35 und etlichen Spiroverbindungen, z. B. (R_a)-Spiro[3.3]heptan-2,6-dicarbonsäure (36), zeigen.

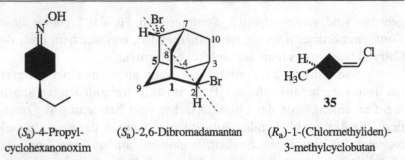

(S$_a$)-4-Propyl-   (S$_a$)-2,6-Dibromadamantan   (R$_a$)-1-(Chlormethyliden)-
cyclohexanonoxim   3-methylcyclobutan

Spiroverbindungen wie (R)-1,6-Dioxaspiro[4.4]nonan (37), deren Chiralität auf der relativen Orientierung ihrer Ringe zueinander beruht, werden jedoch nicht als Verbindungen mit Chiralitätsachse behandelt, da die zwei Paare von Substituenten in den unterschiedlichen Ebenen an dasselbe Atom – das Spiroatom – gebunden sind. In ihnen ist das Spiroatom als Chiralitätszentrum anzusehen. Zur Bestimmung der Konfiguration wird willkürlich einer der beiden ranghöheren Gruppen Priorität gegeben. Die im selben Ring gelegene rangniedrigere Gruppe hat dann auch Vorrang vor der rangniedrigeren Gruppe im anderen Ring.

Eine andere Form der axialen Chiralität ist die helicale Chiralität (siehe dort).

```
HOOC,,,          H                    1
   ''          '''                   O  4
   H    R_a                         R
              COOH                      O
                                    3  2
        36                            37
```

Bredtsche Regel

Bereits vor gut hundert Jahren beobachtete Bredt, daß 1-Chlor-2,2,3-trimethylcyclopentan-1,3-dicarbonsäureanhydrid (38) keine Eliminierungsreaktion einging und andererseits das bei der Eliminierung aus der von 38 abgeleiteten freien Dicarbonsäure erhaltene Produkt, 1,2,2-Trimethylcyclopent-3-en-1,3-dicarbonsäure (39), kein intramolekulares Anhydrid mehr bildet [9]. Daraus sowie aus weiteren Beob-

achtungen folgerte er, daß in Bornan- (40 und/oder *ent*-40) und Pin–
ansystemen (41 und/oder *ent*-41) und ähnlichen Verbindungen keine
Doppelbindungen von den Brückenkopfatomen ausgehen können [10].

38   **39**   **40**   **41**

Diese Regel wurde in der Folge allgemein so verstanden und formuliert, daß Doppelbindungen an einem Brückenkopfatom unmöglich seien, weil dann die p-Orbitale der Doppelbindung senkrecht zueinander angeordnet sein müßten und somit nicht überlappen
könnten. Ihre Bestätigung fand sie nicht nur im Fehlen von Eliminierungsreaktionen, wie sie bereits Bredt beobachtete, sondern auch im
Versagen von Reaktionen, die über Zwischenstufen mit Doppelbindungen an Brückenkopfatomen, z. B. Enolate, verlaufen müßten, wie
die Decarboxylierung von 9-Oxobicyclo[3.3.1]nonan-1-carbonsäure
(42) oder die Bromierung von Campherchinon (43).

42   **43**

Es ist offensichtlich, daß in kleinen bi- und polycyclischen Systemen von einem Brückenkopfatom keine gewöhnliche Doppelbindung
ausgehen kann, während dies in größeren Ringsystemen selbstverständlich möglich ist. Gezielte Versuche, mit ausgewählten Edukten
unter extremen Reaktionsbedingungen die Grenzen der Bredtschen
Regel zu ermitteln [11], führten schließlich zur Synthese von sowohl
als Bredt-Verbindungen oder Bredt-Olefine als auch manchmal als
anti-Bredt-Verbindungen bezeichneten Brückenkopf-Olefinen wie

Bicyclo[3.3.1]non-1-en (**44**), in dem eine (*E*)-Cycloocten-Teilstruktur vorliegt, in der die Substituenten an der Doppelbindung weitestgehend coplanar angeordnet sind. Sogar Bicyclo[2.2.1]hept-1-en (**45**) konnte durch Abfangreaktionen als kurzlebiges reaktives Zwischenprodukt nachgewiesen werden [12]. Die Bredtsche Regel muß daher heute wie folgt formuliert werden: Eine Doppelbindung kann nur dann von einem Brückenkopf eines überbrückten Ringsystems ausgehen, wenn die Ringe groß genug sind, daß die Doppelbindung ohne übermäßige Spannung ausgebildet werden kann.

44   (*R*)-**44**   **45**

Chiralität

Chiralität, abgeleitet von dem altgriechischen Wort χείρ (cheir) für Hand, ist der Fachausdruck für das Phänomen der Händigkeit. Mit dem Wort chiral wird die Eigenschaft eines Gegenstandes beschrieben, mit einem spiegelbildlichen Objekt nicht zur Deckung gebracht werden zu können. (Der Einfachheit halber wird oft gesagt, Objekt und Spiegelbild seien nicht deckungsgleich, obwohl dies semantisch falsch ist, weil ein Objekt und ein Bild generell nicht deckungsgleich sein können, weil sie verschiedenen Formen der Wirklichkeit entsprechen und folglich sprachlich unterschiedlichen Abstraktionsebenen zugehören.) Chiralität ist sowohl die Ursache als auch die notwendige und hinreichende Bedingung für das Auftreten von Enantiomeren. Sie ist auch die Ursache und notwendige Bedingung für das Auftreten von optischer Aktivität.

Häufig wird das Wort asymmetrisch fälschlich als Synonym für chiral verwendet. Asymmetrie, das Fehlen jeglichen Symmetrieelementes, ist zwar eine hinreichende Bedingung für Chiralität, jedoch keine notwendige. Chirale Moleküle können, wie z. B. *trans*-1,2-Dichlorcyclopropan, durchaus noch Symmetrieelemente, nämlich Drehachsen, aufweisen, jedoch keine Symmetrieelemente der zweiten Art.

Chirale Verbindungen mit Drehachsen wurden früher als dissymmetrisch bezeichnet. Dieser Begriff ist jedoch nicht mehr gebräuchlich.

Chiral ist eine Verbindung nur dann, wenn alle möglichen Konformationen, die sie einnehmen kann, chiral sind. Daher ist Butan, obwohl es von ihm mehr chirale als achirale Konformationen gibt, dennoch achiral.

Es sei nochmals besonders betont, daß der Begriff chiral eine Eigenschaft eines Objektes beschreibt. Chiral kann daher ein Molekül, das Modell des Moleküls oder ein Gegenstand wie ein Korkenzieher oder ein Schneckenhaus sein, nicht dagegen eine Theorie, ein Prozeß oder eine Methode. Chiral kann z. B. ein Katalysator sein, jedoch nicht die Katalyse oder die Synthese, in der er eingesetzt wird. Als chiral kann man vielleicht das Füllmaterial einer Chromatographiesäule bezeichnen; dann mag es gerade noch akzeptabel sein, auch die (gefüllte) Säule als chiral zu bezeichnen. Sachlich unzutreffend ist dies jedoch für die Chromatographie. Aus dem gleichen Grund sollte man es vermeiden, von einem chiralen Zentrum oder chiralen Atom anstelle eines Chiralitätszentrums zu sprechen.

Auch bei der Beschreibung neuer Verbindungen ist eine gewisse Vorsicht geboten. Es empfiehlt sich nicht, eine im Labor hergestellte

Substanz als chiral zu bezeichnen; sie kann allenfalls aus chiralen Molekülen bestehen. Wenn man voraussetzt, daß diese Substanz keine Diastereomere enthält, kann sie dann entweder enantiomerenrein oder racemisch sein oder aus einem Gemisch unterschiedlicher Mengen der beiden Enantiomere bestehen. Für den Fall, daß sie weder enantiomerenrein noch racemisch ist, wurde eine recht umständliche Bezeichnung eingeführt: chiral, nicht racemisch. Diese ist auch nicht sehr glücklich gewählt, da sie per se weder eine enantiomerenreine Verbindung noch ein Gemisch von Diastereomeren ausschließt. (Auch ein Gemisch von chiralen Diastereomeren enthält chirale Moleküle, ohne racemisch zu sein.)

Chiralitätszentrum

Ein Chiralitätszentrum ist ein Atom, das einen Satz von Substituenten in einer räumlichen Anordnung trägt, die mit der spiegelbildlichen Anordnung nicht zur Deckung gebracht werden kann. Das häufig etwas lax statt dessen verwendete Wort Stereozentrum sollte wegen der Ähnlichkeit mit dem Begriff stereogenes Zentrum (siehe stereogene Einheit) vermieden werden.

Der Prototyp eines Chiralitätszentrums ist ein Kohlenstoffatom mit vier verschiedenen Substituenten wie z. B. in Milchsäure. Aber auch andere vierbindige und tetraedrisch koordinierte Atome können ein Chiralitätszentrum sein. Beispiele sind das Siliciumatom in Ethyl(methyl)(propyl)silan (46), die Stickstoff- bzw. Phosphoratome in Ammonium- und Phosphoniumionen, N-Oxiden und Phosphanoxiden [z. B. Benzyl(methyl)(phenyl)phosphanoxid, 47] oder dem ACE-Hemmer Fosinopril sowie das Schwefelatom in dem als chirale Hilfskomponente für stereoselektive Reaktionen [13] und Enantiomerentrennungen verwendeten N,S-Dimethyl-S-phenylsulfoximid (48).

HO H
H₃C   COOH
(R)-Milchsäure   **46**   **47**   **48**

Zur Beschreibung der Konfiguration an Chiralitätszentren bedient man sich vorzugsweise der Stereodeskriptoren R und S, die nach dem CIP-System ermittelt werden. Für Heteroatome aus der 3. und aus höheren Perioden ist dabei zu beachten, daß Beiträge von d-Orbitalen an Doppelbindungen vernachlässigt werden, also bei S-O- und P-O-Doppelbindungen keine Duplikatatome verwendet werden. Dies ist zum Beispiel bei der Bestimmung der Konfiguration an den Phosphoratomen von Fosinopril und [(S)-Methoxy(phenyl)phosphoryl]essigsäure (49) von Bedeutung.

Fosinopril   **49**

Auch Spiroverbindungen wie (R)-Spiro[4.4]nonan-2,7-dion (50), deren Chiralität auf der relativen Orientierung ihrer Ringe zueinander beruht, haben ein Chiralitätszentrum, und zwar das Spiroatom. Sie werden nicht als Verbindungen mit Chiralitätsachse behandelt. Zur Bestimmung ihrer Konfiguration wird willkürlich einer der beiden ranghöheren Gruppen Priorität gegeben. Die im selben Ring gelegene rangniedrigere Gruppe hat dann auch Vorrang vor der gleichen Gruppe im anderen Ring.

50   **Ceftioxid**

Dreifach koordinierte Atome können Chiralitätszentren sein, wenn die daran gebundenen Gruppen nicht in einer Ebene liegen. Dies ist meist der Fall, wenn an dem betreffenden Atom noch ein freies Elektronenpaar vorhanden ist, das dann im CIP-System als der vierte Substituent betrachtet wird. Beispiele sind Amine, Phosphane und Sulfoxide, aber auch Carbanionen und Oxoniumionen. Weil zur Inversion dieser Zentren über einen planaren Übergangszustand keine Bindung gebrochen werden muß, sind sie häufig nicht konfigurationsstabil. Gerade bei Elementen der 2. Periode ist die Inversionsbarriere gewöhnlich so niedrig, daß die Enantiomere nicht getrennt isoliert werden können und die betreffenden Verbindungen, wenn sie keine weitere stereogene Einheit besitzen, als achiral eingestuft werden. Chiralitätszentren an dreifach koordinierten Stickstoffatomen sind nur dann konfigurationsstabil, wenn sie wie in Chinin (siehe S. 38), in der Trögerschen Base (siehe S. 57) oder im Antibiotikum Ceftioxid so in ein gespanntes System eingebaut sind, daß eine Inversion ohne Bindungsspaltung nicht möglich ist. Dagegen haben dreifach koordinierte Atome der Elemente der höheren Perioden in der Regel eine hohe Inversionsbarriere. Chirale Phosphane, z. B. „DIPAMP", werden häufig als Liganden für chirale Katalysatoren verwendet. Auch Sulfoxide, wie im Sympatholytikum Revatropat oder in Ceftioxid, sind konfigurationsstabil.

Revatropat   (R,R)-DIPAMP

Interessant sind 1,3,5-tri- sowie 1,3,5,7-tetrasubstituierte Adamantane (z. B. 1-Brom-3-chlor-5-fluoradamantan, **51** und/oder *ent*-**51**) und Cubane (z. B. 1-Brom-3-chlor-5-iodcuban, **52** und/oder *ent*-**52**). In ihnen gibt es – unterschiedliche Substituenten vorausgesetzt – vier bzw. acht Chiralitätszentren, die jedoch alle wechselseitig voneinander abhängig sind, so daß es von diesen Verbindungen in der Tat nur zwei

Stereoisomere, nämlich zwei Enantiomere gibt. Es war daher vorge-
schlagen worden, solche Verbindungen als Verbindungen mit nur
einem, und zwar „virtuellen", Chiralitätszentrum in der Mitte des
Kohlenstoffgerüstes zu betrachten. Ähnlich wurde die Struktur von
Fullerenen zur Beschreibung ihrer Konfiguration mitunter auf ein
Oktaeder reduziert [14], obwohl die so beschriebenen Isomere zum
Teil Konstitutionsisomere sind.

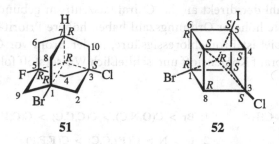

51   **52**

CIP-System

Das CIP-System (benannt nach den drei Begründern Cahn, Ingold und
Prelog) ist ein formales Verfahren zur Beschreibung der absoluten
Konfiguration einer Verbindung allein aus der Anordnung der Atome
um eine stereogene Einheit. Man geht dazu in zwei Schritten vor.

Zuerst werden die an die stereogene Einheit, z. B. ein Chiralitäts-
zentrum, gebundenen Atome oder Gruppen anhand eines Satzes von
Regeln in eine Rangfolge oder Sequenz (1–4 oder a–d) geordnet.
Man nennt die dazu verwendeten Regeln daher auch Sequenzregeln.
Danach wird aus der ermittelten Rangfolge und der räumlichen An-
ordnung der betreffenden Gruppen ein Deskriptor für die stereogene
Einheit bestimmt.

Die Zuordnungsregel (früher Chiralitätsregel genannt) schreibt für
ein Chiralitätszentrum vor, daß es so betrachtet wird, daß der rangnied-
rigste Substituent (4 bzw. d) vom Betrachter weg weist. Sind die übrigen
Substituenten für den Betrachter dann in der Reihenfolge abnehmender
Priorität im Uhrzeigersinn angeordnet, liegt R-Konfiguration vor, bei
einer Anordnung gegen den Uhrzeigersinn S-Konfiguration.

(R)-Bromchloressigsäure

Die Prioritätenfolge der Substituenten ergibt sich primär aus der Ordnungszahl der direkt an das Chiralitätszentrum gebundenen Atome. Elemente höherer Ordnungszahl haben höhere Priorität. Ein einfaches Beispiel ist Bromchloressigsäure, in der Brom vor Chlor Vorrang hat, worauf Kohlenstoff und schließlich Wasserstoff folgen.

1: $Br > C(O,N,C) > C(C,C,C) > C(C,H,H)$

2: $O > N > C(Br,C,C) > C(F,F,F)$

5: $C(Br,C,C) > C(N,H,H) > C(C,H,H) > C(H,H,H)$

1': $N > C(C,C,(C)) > C(H,H,H) > H$

Haben zwei an das Chiralitätszentrum gebundene Atome die gleiche Ordnungszahl, müssen wie im nachfolgenden Beispiel die als nächste an sie gebundenen Atome auf die gleiche Weise in eine Sequenz geordnet und dann die ranghöchsten, danach die rangzweithöchsten und schließlich die rangniedrigsten verglichen werden, bis eine Entscheidung fällt.

Ist auch so noch keine Entscheidung möglich, werden die Atome, die noch eine Bindung (oder Sphäre) weiter vom Chiralitätszentrum entfernt sind, nach ihrer Rangfolge geordnet. Sodann werden wieder zuerst die Sequenzen der an die jeweils ranghöchsten Atome gebundenen Atome verglichen. Falls hier keine Entscheidung fällt, folgt in der Reihenfolge der bereits ermittelten Rangfolge ein Vergleich der Sequenzen der an die rangniedrigeren Atome gebundenen Atome. Wenn so noch immer keine Entscheidung zu treffen ist, wird analog in der nächsten Sphäre fortgefahren.

Gelangt man auf dem Untersuchungsweg zu Doppelbindungen, löst man diese so auf, als wären zwei Einfachbindungen vorhanden. Dazu werden an jedem an der Doppelbindung beteiligten Atom das jeweils andere Atom als Duplikatdarstellung über eine Einfachbindung verknüpft hinzugefügt. Bei Dreifachbindungen sind es entsprechend zwei Duplikatatome an jedem Ende der Bindung. Dabei ist jedoch zu beachten, daß bei Heteroatomen aus der 3. und aus höheren Perioden Beiträge von d-Orbitalen an Mehrfachbindungen vernachlässigt werden.

Duplikatatome werden gewöhnlich in Klammern gesetzt. Auf sie folgen keine weiteren Atome mehr. Das CIP-System sieht zwar die Ergänzung der Ligandenzahl der Duplikatatome auf vier mit Phantomatomen der Ordnungszahl null vor, die üblicherweise durch o oder den griechischen Buchstaben φ dargestellt werden. Sie sind jedoch nicht erforderlich, weil es unerheblich ist, ob in der nächsten Sphäre Atome mit nichts oder mit einem Platzhalter für nichts verglichen werden.

In aromatischen Ringen und auch bei anderen Verbindungen mit Mesomeriestabilisierung wird anstelle eines Duplikatatoms der Mittelwert der Ordnungszahlen der Atome verwendet, zu denen eine Doppelbindung in den verschiedenen Grenzstrukturen denkbar ist.

Bei Chiralitätszentren an Ringen wird jeder Zweig des Ringes soweit untersucht, bis der Ausgangspunkt wieder erreicht ist. Das Ausgangsatom wird auch hier als Duplikatatom noch einmal berücksichtigt. Beispielsweise wird der 2,2-Dichlorcyclopropyl-Rest so aufgespalten, daß Verbindung **53** [1,1-Dichlor-2-(2,2-dichlorethyl)cyclopropan] *R*-Konfiguration zugeordnet werden kann.

Kann eine Rangfolge zwischen zwei Gruppen allein aufgrund der Ordnungszahl aller ihrer Atome nicht festgelegt werden, müssen die weiteren Sequenzregeln angewandt werden. Der vollständige, aber etwas vereinfachte Satz dieser Regeln lautet:

0. Das nähere Ende einer Achse hat Vorrang vor dem weiter entfernten Ende. (Diese Regel wird für Verbindungen mit axialer Chiralität benötigt; siehe dort).
1. Die höhere Ordnungszahl eines Atoms hat Vorrang vor einer niedrigeren.
2. Die höhere Massenzahl eines Atoms (Isotops) hat Vorrang vor einer niedrigeren.
3. Z-Konfiguration hat Vorrang vor E-Konfiguration (siehe E/Z-Isomerie).
4. Gleiche Deskriptorenpaare in einer Gruppe haben Vorrang vor ungleichen (z. B. *R,R* oder *S,S* haben Vorrang vor *R,S* oder *S,R*); *r* hat Vorrang vor *s*.

5. *R* hat Vorrang vor *S* und *M* hat Vorrang vor *P*. (Diese Regel dient der Bestimmung der Konfiguration von Pseudochiralitätszentren; siehe dort).

Wichtig ist, daß jede dieser Regeln erst angewandt wird, wenn die vorhergehende nach Anwendung auf alle Atome der Verbindung nicht zu einer Entscheidung geführt hat. Daher wird zur Bestimmung der Konfiguration von (2*S*,3*R*)-3,5-Dichlor(2-^{2}H$_1$)pentan-1-ol (**54**) für das Chiralitätszentrum in Position 3 nur die erste Sequenzregel benötigt, für das andere jedoch die zweite Sequenzregel. Beispiele, bei denen die dritte und vierte Sequenzregel angewandt werden müssen, sind (2*Z*,4*R*,5*E*)-4-Chlorhepta-2,5-dien (**55**) bzw. (2*R*,3*S*,4*R*,5*S*,6*S*)-Heptan-2,3,4,5,6-pentol (**56**).

Es ist – was oft als Nachteil des CIP-Systems angesehen wird – zu beachten, daß bei Anwendung der Sequenzregeln eine Reihe analoger Verbindungen nicht unbedingt denselben Deskriptor haben muß, weil sich die Rangfolge ihrer Substituenten im CIP-System unterscheiden kann. Ein Beispiel dafür ist Verbindung **57e**. Interessant sind auch die Veränderungen, die sich in den hypothetischen Verbindungen **57f** und **57g** ergeben.

	R	Konfiguration
a	Me	2*R*,3*S*
b	Et	2*R*,3*S*
c	*t*-Bu	2*R*,3*S*
d	Ph	2*R*,3*S*
e	2-Furyl	2*R*,3*R*
f	OEt	2*R*,3*S*
g	SEt	2*S*,3*S*

Ebenso kann sich der Deskriptor für die absolute Konfiguration eines Chiralitätszentrums bei der Reaktion einer Verbindung ändern, ohne daß sich dabei die Konfiguration des Chiralitätszentrums tatsächlich verändert.

Umgekehrt ist es keinesfalls zwingend, daß die Inversion während einer Reaktion auch die Änderung des Deskriptors für ein Chiralitätszentrum bedingt (Beispiel siehe Walden-Umkehr).

Cramsche Regel

Die Cramsche Regel ist eine empirische Regel zur qualitativen Vorhersage des sterischen Verlaufs und des bevorzugt gebildeten Produktes einer diastereoselektiven Additionsreaktion an Aldehyde oder Ketone mit Chiralitätszentrum in α-Position zur Carbonylgruppe.

Gemäß der Cramschen Regel werden die Substituenten des Chiralitätszentrums lediglich ihrer Raumerfüllung entsprechend als groß (G), mittel (M) und klein (K) bezeichnet und anschließend die Konformation betrachtet, in der das Carbonylsauerstoffatom antiperiplanar zum größten Substituenten (G) des Chiralitätszentrums angeordnet ist. Ein Nukleophil greift dann von der am wenigsten gehinderten Seite an, also von der Seite, auf der sich der kleinste Substituent (K) befindet.

In einer der ersten von Cram untersuchten Reaktionen, der Grignard-Reaktion von (S)-2-Phenylpropanal mit Methylmagnesiumiodid, konnte so das Hauptprodukt, (2S,3S)-3-Phenylbutan-2-ol, richtig vorhergesagt werden [15].

H₃CMgI

33 %   67 %

Die in der Cramschen Regel betrachtete Konformation wird insbesondere bei Ketonen, in denen der Substituent R im Vergleich zum Wasserstoffatom eines Aldehydes eine wesentlich größere Raumerfüllung hat, selten die Vorzugskonformation der Verbindung sein. Felkin und später Anh haben daher die Modellvorstellungen Crams verfeinert und für den Übergangszustand eine Konformation vorgeschlagen, in der der größte Substituent am Chiralitätszentrum rechtwinklig zur Carbonylgruppe angeordnet ist und sich der mittelgroße Substituent in der Nähe des Carbonylsauerstoffatoms befindet. Auch hier erfolgt der Angriff von der am wenigsten gehinderten Seite, nun antiperiplanar zum größten Substituenten. Das bevorzugte Produkt ist nach diesem Modell dasselbe wie nach der ursprünglichen Cramschen Regel. Der Vorteil dieses verfeinerten Modells ist jedoch, daß man die relative Größe des Substituenten M und des Carbonylsauerstoffatoms besser berücksichtigen kann. Wird der Substituent M zu groß, wird dann der kleinste Substituent des Chiralitätszentrums die Carbonylgruppe flankieren.

M > O

Voraussetzung zur Anwendung der Cramschen Regel und ihrer Weiterentwicklungen ist, daß die Substituenten des Chiralitätszentrums keine Wasserstoffbrücken oder Chelatkomplexe mit der Carbonylgruppe bilden, die die allein aufgrund der Größe der Substituenten ermittelte Konformation deutlich verändern.

Cyclitole

Cyclitole sind Cycloalkane mit je einer Hydroxygruppe an mindestens drei ihrer Ringatome. Für viele von ihnen versagt das CIP-System zur Beschreibung ihrer Konfiguration. Am deutlichsten wird dies an den bekanntesten Cyclitolen, den natürlich vorkommenden Cyclohexan-1,2,3,4,5,6-hexolen, den Inositolen, von denen das *myo*-Inositol und seine Derivate die unterschiedlichsten Funktionen im Stoffwechselgeschehen und bei der physiologischen Signaltransduktion haben. Die relative Konfiguration der insgesamt neun stereoisomeren Inositole wird durch die kursiv gesetzten und dem Namen mit Bindestrich vorangestellten Präfixe *cis*, *epi*, *allo*, *myo*, *muco*, *neo*, *scyllo* und *chiro* beschrieben.

cis-Inositol   epi-Inositol   allo-Inositol   myo-Inositol   muco-Inositol

neo-Inositol   L-chiro-Inositol   D-chiro-Inositol   scyllo-Inositol

Sieben dieser Verbindungen sind Mesoverbindungen, so daß es nur bei *chiro*-Inositol eines zusätzlichen Stereodeskriptors zur Bezeichnung der absoluten Konfiguration bedarf. Wie bei den nahe verwandten Kohlenhydraten werden dazu die als Kapitälchen gesetzten und nicht in Klammern eingeschlossenen Stereodeskriptoren D und L verwendet. Um sie festzulegen, wird zuerst der Ring so beziffert, daß sich beginnend bei einer Hydroxygruppe möglichst viele Hydroxygruppen auf derselben Seite der Ringebene befinden und für diese ein möglichst niedriger Lokantensatz erhalten wird. Sodann wird der Ring in einer der Fischer-Projektion entsprechenden Projektion betrachtet, in der das Ringatom 1 nach oben und die Ringatome 2 und 3 zum Betrachter orientiert sind. Steht in dieser Projektion die Hydroxygruppe in Position 1 rechts des Ringes, liegt D-Konfiguration vor, wenn sie auf der anderen Seite steht, L-Konfiguration. Dies bedeutet, daß bei dem Blick auf den Ring bei einer Bezifferung im Uhrzeigersinn die Hydroxygruppe in Position 1 bei L-Konfiguration nach oben steht. Um Verwechslungen mit der Angabe einer Konfiguration nach einem anderen System (siehe D/L-System) zu vermeiden, kann den Deskriptoren der Index c (für Cyclitol) hinzugefügt werden, so daß sich D_c und L_c ergeben.

L-*chiro*-Inositol   D-*myo*-Inositol-3-phosphat

Falls eines der Mesoinositole durch Substitution chiral wird, wird analog vorgegangen. Hierbei ist zu beachten, daß für *myo*-Inositol eine stereospezifische Bezifferung festgelegt wurde, aus der die D-Konfiguration folgt. Auch das Dreibuchstabenkürzel Ins gilt ohne weiteren Zusatz für D-*myo*-Inositol. Bei den anderen Mesoinositolen wird nach den IUPAC-IUB-Regeln einem Substituenten der niedrigstmögliche Lokant zugeordnet, der mit der Bezifferung des betreffenden Inositols vereinbar ist, so daß die Position des Substituenten festlegt, ob dem zugrundeliegenden Gerüst D- oder L-Konfiguration zugewiesen wird. Bei den *Chemical Abstracts* wird hingegen die Bezifferung generell so gewählt, daß D-Konfiguration resultiert. Dieser Unterschied ist z. B. bei Streptamin, 1,3-Diamino-1,3-didesoxy-*scyllo*-inosit, einer häufig in Antibiotika anzutreffenden Struktureinheit, zu beachten.

Chinasäure, ein ebenfalls zu den Cyclitolen gehörender Naturstoff, hat nach den hier beschriebenen Regeln L-Konfiguration (vgl. auch S. 91f.).

Streptamin   L-(−)-Chinasäure

Diastereomer

Stereoisomere, die nicht im Verhältnis der Enantiomerie zueinander stehen, sich also nicht spiegelbildlich zueinander verhalten, heißen Diastereomere oder Diastereoisomere. Daraus folgt umgekehrt, daß zwei Isomere, sofern sie Stereoisomere sind, immer entweder enantiomer oder diastereomer zueinander sind. Diastereomere unterscheiden sich in ihren physikalischen Eigenschaften und in gewissem Maße auch in ihren chemischen Eigenschaften sowohl gegenüber achiralen als auch gegenüber chiralen Reaktionspartnern.

Fumarsäure   Maleinsäure

Schmp.: 299 – 300 °C   Schmp.: 140 – 142 °C

Chinin   Chinidin

Schmp.: 177 °C   Schmp.: 174 – 175 °C

$[\alpha]_D^{25}$ −165 ($c = 2$ in EtOH) $[\alpha]_D^{20}$ +265 ($c = 1$ in EtOH)

Diastereomere können, müssen aber nicht chiral sein. Ein einfaches Beispiel sind die beiden Isomere Fumarsäure und Maleinsäure oder die Verbindungen 1 und 2 (siehe S. 2). Untergruppen der Diastereomere sind die Epimere und die Anomere (siehe dort).

Gemische von Diastereomeren können im Namen kenntlich gemacht werden, indem in einem Satz von Stereodeskriptoren nach dem CIP-System für die entsprechende Position die Deskriptoren *RS* oder *EZ* eingesetzt werden, z. B. (2*RS*,3*R*,4*R*)-2,3,4-Trichlorpentansäure. Dies setzt jedoch voraus, daß es sich bei dem Produkt um ein Gemisch äquimolarer Mengen der beiden Diastereomere handelt. In Peptidsequenzen tritt der kursiv gesetzte Deskriptor *ambo* an die Stelle von D oder L, wenn in der betreffenden Position beide Enantiomere der Aminosäure vorhanden sind, es sich also um ein annähernd äquimolares Gemisch von diastereomeren Peptiden handelt, wie es etwa erhalten wird, wenn bei der Synthese eine racemische Aminosäure eingesetzt wurde. Kommt der Deskriptor *ambo* im Namen eines Peptides mehrfach vor, steht dieser Name für ein Gemisch von 2^n Diastereomeren (mit n = Häufigkeit des Deskriptors *ambo* im Namen). Soll ein exakt äquimolares Gemisch diastereomerer Peptide beschrieben werden, kann der Deskriptor DL für die betreffende Position verwendet werden.

Diastereomerenüberschuß

Der Diastereomerenüberschuß (de, von engl. diastereomer excess) ist analog zum Enantiomerenüberschuß (ee) durch die Gleichung

$$de = \frac{\left\|[D_1]-[D_2]\right\|}{[D_1]+[D_2]} \quad \text{oder} \quad \% \, de = \frac{\left\|[D_1]-[D_2]\right\|}{[D_1]+[D_2]} \cdot 100$$

definiert und beschreibt den Anteil eines reinen Diastereomers in einem Gemisch, dessen übriger Teil ein 1 : 1-Gemisch dieser Verbindung mit einem Epimer ist. Für ein Gemisch von mehr als zwei Diastereomeren ist es nicht möglich, einen Diastereomerenüberschuß anzugeben. Aber auch bei nur zwei Diastereomeren ist die Angabe eines de nur im Hinblick auf den ee eines Folgeproduktes sinnvoll, dann also, wenn eine Reaktion mit einem chiralen Auxiliar durchgeführt wurde, das in einer nächsten Stufe wieder abgespalten werden soll. Eine racemisierungs- und epimerisierungsfreie Abspaltung der Hilfsgruppe sowie Konstanz des Enantiomerenverhältnisses (insbesondere das Ausbleiben einer Abreicherung des im Unterschuß vorhandenen Enantiomers) während der Aufreinigung vorausgesetzt, entspricht dann der ee des Endproduktes dem de der Zwischenstufe.

Allgemein sollten Gemische von Diastereomeren besser durch die Angabe eines Diastereomerenverhältnisses, das mit modernen Meßmethoden direkt ermittelt und auch leichter interpretiert werden kann, charakterisiert werden.

D/L-System

Zur Beschreibung der absoluten Konfiguration von α-Aminosäuren und Kohlenhydraten werden gewöhnlich die als Kapitälchen (also kleiner) gesetzten nicht kursiven und nicht in Klammern eingeschlossenen Stereodeskriptoren D und L verwendet. Um sie zuordnen zu können, muß die Formel der Verbindung in der Fischer-Projektion dargestellt werden. Eine α-Aminosäure ist dann D-konfiguriert, wenn die Aminogruppe rechts der Hauptkette steht. In einem Kohlenhydrat muß bei D-Konfiguration die Hydroxygruppe am höchstnumerierten Chiralitätszentrum als die konfigurationsbestimmende Gruppe rechts der Hauptkette stehen. Bei L-Konfiguration steht die betreffende Gruppe links der Hauptkette. Die Konfiguration der übrigen Chiralitätszentren ergibt sich dann aus dem Namen der Verbindung, der bereits die relative Konfiguration aller Chiralitätszentren zum Ausdruck bringt. Ein Racemat wird im D/L-System durch den Stereodeskriptor DL (ohne Schrägstrich oder Komma) kenntlich gemacht. Im Gegensatz zu anderen Stereodeskriptoren stehen die Deskriptoren D und L im Namen einer Verbindung stets direkt vor dem Namen des Stammsystems. Zur Angabe der Konfiguration zusätzlicher oder durch den Namen nicht mehr eindeutig spezifizierter Chiralitätszentren in Derivaten werden die Stereodeskriptoren R und S gemäß dem CIP-System verwendet und wie üblich am Beginn des Namens angegeben, z. B. in (4R)-4-Hydroxy-L-prolin (trans-4-Hydroxy-L-prolin, 58, einem Collagen-Baustein) oder (3R)-3-Methyl-L-asparaginsäure (59).

$$
\begin{array}{ccc}
\underset{\text{OH}}{\overset{\text{COOH}}{\underset{|}{\text{H-N}\overset{S}{\diagdown}}\underset{R}{}}}
& \underset{\text{NH}_2}{\text{HOOC}\diagdown\overset{\text{CH}_3}{\underset{S}{\diagup}}R\diagdown\text{COOH}}
& \equiv
\quad \underset{\text{COOH}}{\overset{\text{1COOH}}{\begin{array}{c} \text{H}_2\text{N}-\overset{2}{|}-\text{H} \\ \text{H}_3\text{C}-\overset{3}{|}-\text{H} \end{array}}}
\end{array}
$$

58   59

In Einzelfällen kann es noch nötig sein, durch einen Index an den Stereodeskriptoren D oder L anzugeben, ob sich die Konfigurationsangabe auf das Aminosäure- oder das Kohlenhydratsystem bezieht. Dafür wurden die Buchstaben g und s als die Anfangsbuchstaben der Bezugsverbindungen Glyceraldehyd und Serin gewählt. (Im deutschsprachigen Bereich waren auch die Großbuchstaben G und S in Gebrauch.) Da das D/L-System heute auf Aminosäuren und Kohlenhydrate sowie die Cyclitole beschränkt ist, wird man die Indizes in der Regel nicht mehr benötigen.

$$
\begin{array}{cccc}
\overset{1}{\text{COOH}} & \overset{\text{O}}{\underset{|}{\overset{\searrow}{\text{C}}}}\overset{1}{\nearrow}\text{H} & \overset{\text{O}}{\underset{|}{\overset{\searrow}{\text{C}}}}\overset{1}{\nearrow}\text{H} & \overset{1}{\text{COOH}} \\
\text{H}_2\text{N}-\overset{2}{|}-\text{H} & \text{H}-\overset{2}{|}-\text{OH} & \text{HO}-\overset{2}{|}-\text{H} & \text{H}_2\text{N}-\overset{2}{|}-\text{H} \\
\underset{3}{\text{CH}_2\text{OH}} & \underset{3}{\text{CH}_2\text{OH}} & \text{H}-\overset{3}{|}-\text{OH} & \text{H}-\overset{3}{|}-\text{OH} \\
& & \text{CH}_2\text{OH} & \text{CH}_3
\end{array}
$$

L-Serin   D-Glyceraldehyd   D-Threose   L-Threonin

2-Amino-2,4-didesoxy-D$_g$-threonsäure

Insbesondere beim Studium älterer Literatur ist eine gewisse Vorsicht bei der Interpretation der Stereodeskriptoren D und L geboten, weil diese gelegentlich mit den früher zur Kennzeichnung des Vorzeichens des Drehwertes einer Verbindung verwendeten Symbolen *d* und *l* verwechselt wurden.

Enantiomer

Enantiomere sind Stereoisomere, die spiegelbildlich zueinander sind und nicht zur Deckung gebracht werden können. Deshalb kann zu einer Verbindung immer nur ein Enantiomer existieren.

60   **ent-60**

Enantiomere sind stets chiral und zeigen daher in der Regel das Phänomen der optischen Aktivität. Dies ist die einzige physikalische Eigenschaft, in der sie sich unterscheiden, und das auch nur im Vorzeichen, der Betrag ihrer Drehwerte ist gleich. Man sprach daher früher auch von optischen Isomeren. Dieser Begriff sollte jedoch nicht mehr verwendet werden, weil erstens chirale Diastereomere meist auch unterschiedliche optische Aktivität zeigen und deshalb auch so benannt wurden und es zweitens durchaus vorkommen kann, daß Enantiomere (zumindest unter den Versuchsbedingungen) optisch inaktiv sind. Ebenso sollten die früheren Synonyme Antipoden und optische Antipoden nicht mehr verwendet werden, weil Antipoden gemäß dem ursprünglichen Wortsinn (Gegenfüßer) um 180° gedrehte Objekte sind.

Da Enantiomere gleichen Energieinhalt haben, sind, wie bereits erwähnt, ihre physikalischen Eigenschaften mit Ausnahme des Drehwertes gleich. In achiraler Umgebung sind Enantiomere daher nicht zu unterscheiden. Sie verhalten sich aber gegenüber einer chiralen Umgebung, wie sie jeder Organismus ist, meist recht unterschiedlich. Etliche Beispiele hierfür sind in der Einleitung aufgeführt.

Die Namen von Enantiomeren unterscheiden sich nur in dem verwendeten Stereodeskriptor. Ist die absolute Konfiguration der Verbindungen nicht bekannt, können Enantiomere durch das Vorzeichen ihres Drehwertes, das dem Namen in runden Klammern und durch Bindestrich getrennt vorangestellt wird, unterschieden werden. Diese Angabe sollte sich auf den Drehwert bei 589,3 nm (Natrium-D-Linie) beziehen.

Das Enantiomer einer Verbindung, dessen Name die absolute Konfiguration impliziert, wird durch die kursiv gesetzte Vorsilbe *ent-* (gesprochen: enantio) kenntlich gemacht, z. B. *ent-*Cholesterol. Diese Vorsilbe wird auch der Nummer einer Verbindung vorangestellt, wenn die Formel eines Enantiomers abgebildet und mit Nummer versehen wurde, im Text aber vom anderen Enantiomer geschrieben wird. So bezeichnet *ent*-**60** das Enantiomer von (*R*)-2-Chlorbutan (**60**), also (*S*)-2-Chlorbutan und nicht etwa enantiomerenreines (*R*)-2-Chlorbutan, denn obgleich das Präfix *ent*- ein bestimmtes Enantiomer bezeichnet, ist es kein Synonym für enantiomerenrein. So kann es etwa mit der Angabe eines Enantiomerenüberschusses kombiniert werden.

Cholesterol   *ent*-Cholesterol

Die Ursache für das Auftreten von Enantiomeren können die unterschiedlichsten stereogenen Einheiten sein. Sogar *E/Z*-Isomere können Enantiomere sein, und zwar dann, wenn wie in (1*E*,3*R*)-1,3-Dichlor-2-[(1*S*)-1-chlorethyl]but-1-en (**61**) und dessen Enantiomer, *ent*-**61**, an das eine Ende der Doppelbindung zwei verschiedene achirale Gruppen und an das andere Ende zwei enantiomorphe chirale Gruppen gebunden sind. Diese Art von Enantiomerie, früher geometrische Enantiomerie genannt, ist gar nicht so selten. Beobachten kann man sie unter anderem bei Oximen, Hydrazonen oder Iminen von Ketonen, die eine Mesoverbindung sind (Beispiel siehe dort) und deren Carbonylgruppe in deren Spiegelebene liegt. Ein in der Literatur beschriebenes Beispiel ist *rac*-**62**, das jedoch nicht in die Enantiomere getrennt wurde [16].

61   *ent*-**61**   **62**

Eine besondere Art der Enantiomerie ist die Cycloenantiomerie. Sie tritt in gerichteten Ringverbindungen auf, die im Ring oder in konstitutionell identischen Substituenten am Ring $2n$ Chiralitätszentren haben, die je zur Hälfte gleiche und entgegengesetzte Konfiguration aufweisen. Eines der ersten angeführten Beispiele ist **63**, ein Cyclohexapeptid aus je drei Molekülen D-Alanin und L-Alanin.

63   *ent*-**63**

64   *ent*-**64**

Ein besseres Beispiel ist jedoch Verbindung **64**, in der drei *R*- und drei *S*-konfigurierte *sec*-Butyl-Gruppen an äquivalente Positionen eines gerichteten Rings gebunden sind. Die spiegelbildliche Verbindung *ent*-**64** unterscheidet sich von **64** nur in der Ringrichtung. Das Verteilungsmuster ihrer Chiralitätszentren ist identisch. Würden aus der Verbindung die Carbonylgruppen entfernt, die dem Ring eine Richtung geben, entstünde eine Mesoverbindung. **63** bliebe hingegen sogar nach dem Ersatz der Carbonylgruppen und der Stickstoffatome durch Methylengruppen chiral.

Die Reinheit von Enantiomeren wird ausgedrückt durch das Enantiomerenverhältnis, den Enantiomerenüberschuß oder die optische Reinheit.

Als enantiomer wird üblicherweise nur das Verhältnis zweier Moleküle als Ganze bezeichnet. Für spiegelbildliche Molekülfragmente verwendet man dagegen den Begriff enantiomorph. Ebenso werden spiegelbildliche Kristalle und andere makroskopische Gegenstände als enantiomorph bezeichnet.

Enantiomerentrennung

Die Trennung der enantiomeren Bestandteile eines Racemates wird häufig noch als Racematspaltung (engl.: resolution), immer öfter auch semantisch besser als Racemattrennung bezeichnet. Noch besser wäre es allerdings, konsequent von Enantiomerentrennung zu sprechen. Denn in der Tat werden dabei Enantiomere getrennt.

Zur Enantiomerentrennung gibt es mehrere Möglichkeiten.

1. Die Kristallauslese enantiomorpher Kristalle. Sie ist sehr mühsam und auch nur möglich, wenn eine spontane Enantiomerentrennung während der Kristallisation eintritt, sich also ein racemisches Konglomerat bildet.

2. Die Impfmethode. Die Lösung eines Racemates wird mit Kristallen eines reinen Enantiomers angeimpft, das dann aus der Lösung auskristallisiert. Auch diese Methode funktioniert nur, wenn sich keine Mischkristalle bilden. Nach Abtrennung der Kristalle kann aus der Mutterlauge das andere Enantiomer gewonnen werden.

3. Die Trennung über diastereomere Derivate. Dies ist bisher die am häufigsten angewandte Methode. Das Racemat wird mit einer enantiomerenreinen Verbindung in diastereomere Derivate, z. B. Salze oder Ester, umgewandelt, die darauf mit Standardverfahren unter Ausnutzung von Unterschieden ihrer physikalischen Eigenschaften, vor allem von Löslichkeit oder chromatographischem Verhalten getrennt werden. Danach wird das Hilfsreagens wieder freigesetzt.

4. Die Chromatographie an chiralen Phasen. Inzwischen gibt es eine Vielzahl von chiralen stationären Phasen, die zur Trennung von Enantiomeren aufgrund diastereomerer Wechselwirkungen nicht nur im analytischen sondern auch im präparativen Maßstab geeignet sind.

Zwei weitere Methoden erlauben die Gewinnung nur eines der beiden Enantiomere. Die kinetische Racemattrennung beruht auf unterschiedlichen Reaktionsgeschwindigkeiten der beiden Enantiomere bei der Umsetzung mit einem enantiomerenreinen Reagens, häufig einem Enzym. Im Idealfall ist die Reaktionsgeschwindigkeit des einen Enantiomers null, so daß die Reaktion nach 50 % Umsatz aufhört, wenn das eine Enantiomer zum Produkt umgesetzt wurde, während das andere Enantiomer unverändert zurückblieb. In der Praxis wird man sich jedoch meist mit einem Kompromiß zwischen Umsatz und erzieltem Enantiomerenüberschuß begnügen müssen.

Bei Verbindungen mit einem einzigen – in Lösung nicht konfigurationsstabilen – Chiralitätszentrum kann man mit einem chiralen Hilfsmittel eine asymmetrische Umlagerung induzieren, indem ein Enantiomer durch Kristallisation oder Reaktion dem Gleichgewicht entzogen wird. Man spricht daher in diesem Fall auch von Deracemisierung. Im einfachsten Fall genügt dazu ein Impfkristall eines Enantiomers in einer gesättigten Lösung, aus der dann beim allmählichen Eindampfen das Racemat vollständig in dieses Enantiomer umgewandelt wird.

Häufiger als zwischen Enantiomeren beobachtet man asymmetrische Umlagerungen allerdings zwischen Epimeren. Beispielsweise kristallisiert aus Ethanol ausschließlich α-D-Glucopyranose, aus Pyridin dagegen β-D-Glucopyranose.

Enantiomerenüberschuß

Der Enantiomerenüberschuß (ee, von engl. enantiomer excess) ist ein indirektes Maß für die Enantiomerenreinheit einer Verbindung. Er ist definiert durch die Gleichung

$$ee = \frac{\left|[E_1] - [E_2]\right|}{[E_1] + [E_2]}.$$

Meist wird er jedoch in Prozent angegeben. Dazu wird die Gleichung noch mit dem Faktor 100 multipliziert:

$$\% \, ee = \frac{\left|[E_1] - [E_2]\right|}{[E_1] + [E_2]} \cdot 100.$$

In Worten ausgedrückt beschreibt der Enantiomerenüberschuß den Anteil eines reinen Enantiomers in einem Gemisch, dessen übriger Teil das Racemat der Verbindung ist. Hat beispielsweise eine Verbindung einen Enantiomerenüberschuß von ee = 0,96 bzw. 96 %, heißt das, daß außer 96 % des einen Enantiomers noch 4 % Racemat im Gemisch vorliegen. Da das Racemat je zur Hälfte aus den beiden Enantiomeren der Verbindung besteht, folgt daraus, daß bezogen auf die Gesamtmenge der Substanz das Enantiomerenverhältnis 98 : 2 beträgt. Für eine enantiomerenreine Verbindung beträgt der Enantiomerenüberschuß stets 100 %, für ein Racemat ist er 0 %. Die Gegenprobe durch Einsetzen in obige Gleichung ist leicht möglich.

Der Enantiomerenüberschuß ist nur im Idealfall identisch mit der optischen Reinheit. Von optischer Reinheit sollte daher ausschließlich dann gesprochen werden, wenn die Bestimmung über eine Drehwertmessung erfolgte.

Da mit modernen Meßmethoden ein Enantiomerenverhältnis direkt ermittelt und dieses wiederum leichter interpretiert werden kann, sollte der Angabe der Zusammensetzung eines Gemisches von Enantiomeren in der Form eines Enantiomerenverhältnisses generell der Vorzug gegeben werden.

Die Bezeichnung Enantiomerenreinheit sollte, da sie bisher uneinheitlich sowohl für den Enantiomerenüberschuß als auch für das

Enantiomerenverhältnis verwendet wurde, nur noch für allgemeine Beschreibungen ohne Zahlenwerte, gewissermaßen als Oberbegriff, gebraucht werden.

Epimer

Als Epimere wurden ursprünglich Aldosen bezeichnet, die sich nur in der Konfiguration an C-2 unterscheiden, wie z. B. D-Glucose und D-Mannose, die bei der Reaktion mit Phenylhydrazin folglich dasselbe Osazon ergeben oder beim Abbau von C-1 zu derselben Pentose, in diesem Fall D-Arabinose, umgewandelt werden.

D-Mannose   D-Glucose   D-*arabino*-Hexos-2-ulose-   D-Arabinose
                                      bis(phenylhydrazon)
                                      (ein Osazon)

Inzwischen wurde der Begriff der Epimerie von den Kohlenhydraten auch auf andere Verbindungsklassen ausgeweitet. So nennt man heute allgemein Diastereomere, die sich in der Konfiguration an genau einem (tetraedrisch koordinierten) Chiralitätszentrum unterscheiden, Epimere.

Epimere von Naturstoffen werden gelegentlich benannt, indem man dem Trivialnamen des betreffenden Naturstoffs das Präfix Epi-voranstellt, beispielsweise in Epiandrosteron (siehe S. 12) oder Epishikimisäure. Aber auch die Vorsilbe Iso- wird zum Teil in diesem Sinn verwendet, z. B. in Isomenthol (axiale statt äquatoriale Methylgruppe).

Shikimisäure Epishikimisäure (1R)-Menthol (1S)-Isomenthol

Levomenthol

In der systematischen Naturstoffnomenklatur ist dagegen das kursiv gesetzte und mit einem Lokanten zu versehende Präfix *epi-* vorgesehen, um anzugeben, daß die Konfiguration an dem betreffenden Chiralitätszentrum gegenüber der mit dem Namen der entsprechenden Grundstammverbindung implizierten Konfiguration geändert ist, beispielsweise in 20-*epi*-5β-Cholan (vgl. auch *epi*-Inositol, siehe Cyclitole).

5β-Cholan 20-*epi*-5β-Cholan

Zur Benennung der Epimere der physiologisch vorkommenden Aminosäuren mit zwei Chiralitätszentren gibt es eine besondere Vorsilbe, nämlich die Vorsilbe Allo-. Demnach heißen die Epimere von Threonin und Isoleucin Allothreonin bzw. Alloisoleucin.

L-Isoleucin L-Alloisoleucin L-Threonin L-Allothreonin

Den Vorgang der Umwandlung einer Verbindung in ein Epimer nennt man Epimerisierung. Tritt Epimerisierung einer nicht racemischen Verbindung in der flüssigen Phase oder in Lösung spontan ein, ist sie in der Regel mit einer Mutarotation verbunden, wobei die optische Aktivität in der Regel nicht verloren geht, weil ja mindestens ein Chiralitätszentrum unverändert erhalten bleibt.

Eine besondere Art von Epimeren sind die Anomere (siehe dort).

Eutomer

Der Begriff Eutomer ist kein stereochemischer Begriff, sondern stammt aus der Pharmakologie und bezeichnet das stärker oder besser wirksame Enantiomer. Das andere Enantiomer wird Distomer genannt und ist bezogen auf den gewünschten Effekt entsprechend weniger wirksam oder unwirksam. Dabei wird erst einmal nichts über eventuelle andere Wirkungen des Distomers ausgesagt, die dieses durchaus haben kann. Beispielsweise könnte das Distomer nicht nur schwächer wirksam sein, sondern sogar als Antagonist des Eutomers dessen Effekt abschwächen, Nebenwirkungen verursachen oder gar toxisch sein. Es könnte aber auch die Wirkung des Eutomers verstärken oder synergistisch unterstützen.

Den Quotienten aus der Wirkstärke des Eutomers und der Wirkstärke des Distomers nennt man eudismisches Verhältnis. Dieses beträgt z. B. bei dem noch immer als Racemat im Handel befindlichen β-Blocker Propranolol ca. 100. Das heißt, daß das in diesem Fall besser wirksame (S)-Propranolol ca. hundertmal stärker wirkt als dessen R-Enantiomer, welches in der pharmazeutischen Formulierung somit praktisch unwirksamer Ballast ist.

Eine empirische Regel für die Stereoselektivität eines Rezeptors (von der durchaus Ausnahmen bekannt sind) ist die Pfeiffersche Regel. Sie besagt, daß Wirkstoffe mit hoher Wirkstärke auch eine entsprechend hohe Stereoselektivität aufweisen, während bei weniger aktiven Wirkstoffen das eudismische Verhältnis niedriger ist.

E/Z-Isomerie

Die vier Substituenten an einer Doppelbindung liegen gewöhnlich in einer Ebene. Befinden sich an jedem Ende der Doppelbindung jeweils zwei unterschiedliche Substituenten, können zwei Substituenten an den beiden Enden der Doppelbindung entweder *cis*-ständig sein, wenn sie auf derselben Seite der Doppelbindung liegen, oder *trans*-ständig, wenn sie sich auf unterschiedlichen Seiten der Doppelbindung befinden. Diese Art von Diastereoisomerie wurde früher auch als geometrische Isomerie bezeichnet. Die Deskriptoren *cis* und *trans* sind jedoch nur geeignet, wenn die betreffenden Substituenten ausdrücklich benannt werden oder, wie in *trans*-But-2-en, offensichtlich ist, auf welche Gruppen sich die Angabe bezieht. Beispielsweise ist es nicht eindeutig, ob der Name *cis*-2-Methylbut-2-ensäure für Angelicasäure oder für Tiglinsäure steht.

$$H_3C \diagdown C=C \diagup COOH \qquad H_3C \diagdown C=C \diagup CH_3 \qquad \diagup\diagdown\diagup\diagdown COOH$$

| Tiglinsäure | Angelicasäure | (2*E*,4*E*)-Hexa-2,4-diensäure |
| (*E*)-2-Methylbut-2-ensäure | (*Z*)-2-Methylbut-2-ensäure | Sorbinsäure |

Daher sind zur Beschreibung der Konfiguration an einer Doppelbindung die Deskriptoren *seqcis* und *seqtrans* eingeführt worden, die nach der **Sequenzregel** des CIP-Systems ermittelt wurden. Sie wurden später durch die kursiv gesetzten Deskriptoren *Z* und *E* ersetzt, die dem Namen einer Verbindung – falls nötig, mit zugehörigem Lokanten – in runde Klammern eingeschlossen und mit Bindestrich abgetrennt vorangestellt werden und zur Angabe der Konfiguration von Doppelbindungen den Deskriptoren *cis* und *trans* generell vorzuziehen sind. *E*-Konfiguration (von entgegen) liegt vor, wenn der nach dem CIP-System höherrangige Substituent am einen Ende der Doppelbindung auf der anderen Seite steht als der höherrangige Substituent an deren anderem Ende. Entsprechend liegt *Z*-Konfiguration (von zusammen) vor, wenn die jeweils höherrangigen Substituenten auf dieselbe Seite der Doppelbindung gerichtet sind.

Die Deskriptoren *E* und *Z* werden analog bei allen anderen Verbindungen verwendet, bei denen zwei Paare von Substituenten wie bei Alkenen an zwei verschiedene Atome gebunden sind und in einer Ebene liegen. Das können Kumulene mit einer ungeraden Zahl von Doppelbindungen oder Verbindungen wie 1,3-Diethylidencyclobutan sein.

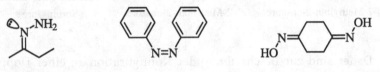

(Z)-1,4-Dichlorbutatrien   (E)-1,3-Diethylidencyclobutan

Auch Verbindungen mit Stickstoff-Kohlenstoff- oder Stickstoff-Stickstoff-Doppelbindungen, z. B. Oxime, Hydrazone, Imine sowie Azoverbindungen usw., können *E/Z*-Isomere bilden, die häufig getrennt isolierbar sind. Ursache hierfür ist das freie Elektronenpaar, das eine gewinkelte Koordination am doppelt gebundenen Stickstoffatom bedingt und im CIP-System als dessen zweiter Substituent betrachtet wird. Wegen der Möglichkeit der Inversion am Stickstoffatom ist die Konfigurationsstabilität solcher Verbindungen jedoch im Vergleich zu Alkenen herabgesetzt.

(Z)-Butanonhydrazon   (Z)-1,2-Diphenyldiazen   (E)-Cyclohexan-1,4-diondioxim

Die Konfiguration von Doppelbindungen zu Stickstoffatomen wurde früher oft mit den Deskriptoren *syn* und *anti* beschrieben. Für sie gab es jedoch unterschiedliche Definitionen, so daß beispielsweise (*E*)-Oxime sowohl als *syn*- als auch als *anti*-Oxime benannt wurden. Die Deskriptoren *syn* und *anti* sollten daher zur Konfigurationsangabe an Doppelbindungen nicht mehr verwendet werden.

(Z)-N-Methylacetamid   (E)-N-Methylacetamid

Die *E/Z*-Konvention wird auch zur Unterscheidung der Rotamere um die Stickstoff-Carbonylkohlenstoff-Bindung von *N*-substituierten

Amiden verwendet. Wegen des partiellen Doppelbindungscharakters dieser C-N-Bindung nehmen Amide planare Konformationen ein, die für die Sekundärstruktur von Proteinen eine wichtige Rolle spielen. Zu deren gegenseitiger Umwandlung muß eine relativ hohe Energiebarriere überwunden werden, so daß die Rotamere im NMR-Spektrum eindeutig zu unterscheiden sind und in einigen Fällen sogar getrennt isoliert werden können. Zum Beispiel liegt N-Methylacetamid in Lösung im Gleichgewicht zu 97–100 % als Z-Isomer vor. Auch in Proteinen kommen nahezu ausschließlich Z-konfigurierte Peptidbindungen vor.

ein Proteinfragment

Fischer-Projektion

Die Fischer-Projektion wurde mit der Absicht eingeführt, die zeichnerische Darstellung asymmetrisch substituierter Kohlenstoffatome in einer Ebene durch Festlegung einfacher Regeln zu vereinfachen. Dazu betrachtet man ein (tetraedrisch koordiniertes) Chiralitätszentrum so, daß zwei Substituenten zum Betrachter hin weisen. Diese zeichnet man an die beiden Enden einer horizontalen Linie. Die beiden verbleibenden Bindungen, die vom Betrachter weg weisen, sind dann vertikal angeordnet. Das zentrale Kohlenstoffatom wird nicht ausgeschrieben. Dadurch ergibt sich ein Kreuz, das man auch Fischer-Kreuz nennt.

D-Glyceraldehyd

Diese einfachen Regeln führen zwar zu einfachen Formeln, haben jedoch den Nachteil, daß die Formeln eine räumliche Vorstellung vom Bau eines Moleküls erschweren, da sie keinerlei perspektivische Hilfestellung mehr geben. Die Anforderungen an die räumliche Vorstellungskraft des Lesers sind somit deutlich erhöht. Wegen dieses Nachteils sind andere Formeldarstellungsweisen, die einen räumlichen Eindruck der Molekülstruktur erleichtern, den Fischer-Projektionen vorzuziehen. Besondere Bedeutung haben Fischer-Projektionen lediglich für Kohlenhydrate und α-Aminosäuren, da sie hier das Bezugssystem zur Festlegung der Konfiguration im D/L-System sind.

Eine Fischer-Projektion wird nach Übereinkunft so geschrieben, daß das Kohlenstoffatom mit der Nummer 1 oben steht und die Hauptkette, in der jedes Chiralitätszentrum durch ein Fischer-Kreuz dargestellt wird, vertikal angeordnet ist. Der Schlüssel zur Interpretation solcher Formeln ist, sich zu vergegenwärtigen, daß sie Moleküle in einer ekliptischen Konformation darstellen und in ihnen jedes Chiralitätszentrum einzeln gemäß den oben formulierten Regeln aufgelöst werden muß.

D-Threose

In der Makromolekularen Chemie wird die Hauptkette eines Polymers üblicherweise von links nach rechts geschrieben. Deshalb gibt es dort die ausschließlich für Polymere geltende Konvention der gedrehten Fischer-Projektion, um die Hauptkette chiraler Polymere ebenfalls in einer horizontalen Ausrichtung zeichnen zu können. In der gedrehten Fischer-Projektion wird das Atomsymbol des Kohlenstoffatoms im Chiralitätszentrum gewöhnlich nicht weggelassen.

Haworth-Projektion

Die Haworth-Projektion ist eine perspektivische Darstellung eines vereinfachten Molekülmodells einer cyclischen Verbindung. Sie wird vorwiegend für Kohlenhydrate und Cyclitole verwendet. Deren cyclisches Gerüst wird in der Haworth-Projektion planar dargestellt und als nahezu senkrecht zur Zeichenebene orientiert angenommen. Die Formel muß so interpretiert werden, daß der Blick leicht von oben auf den Ring fällt, so daß die dem Betrachter zugewandten Bindungen unterhalb der weiter entfernten Bindungen gezeichnet sind. Zur Verdeutlichung der Perspektive werden die näher zum Betrachter orientierten Bindungen oft verstärkt gezeichnet und die direkt an Kohlenstoff gebundenen Wasserstoffatome zur weiteren Vereinfachung der Formeln oft weggelassen.

β-D-Gulopyranose

Wenn die Bezifferung einer solchen Formel im Uhrzeigersinn erfolgt, befinden sich alle Substituenten, die in der Fischer-Projektion der betreffenden Verbindung rechts der Hauptkette stehen, unterhalb der Ringebene. Das Ring-Sauerstoffatom eines Kohlenhydrates wird in der Haworth-Projektion üblicherweise nach oben rechts gezeichnet.

Helicale Chiralität

Helixartige Strukturen sind in der Organischen Chemie und vor allem in der Natur, z. B. in Schneckenhäusern, weit verbreitet. Auf molekularer Ebene beobachtet man sie unter anderem bei 4,5-disubstituierten

Phenanthrenen oder bei den Helicenen. Diese Verbindungsklasse hat sogar ihren Namen wegen dieser auffallenden molekularen Struktur erhalten. Die bekanntesten helicalen Strukturen sind aber sicherlich die Biopolymere DNA, Amylose (lösliche Stärke) und etliche Proteine.

Eine Helix ist durch die Ganghöhe, das ist ihr Anstieg pro Umgang oder Windung, den Steigungswinkel, der sich aus Ganghöhe und Radius ergibt, sowie ihren Schraubensinn (oder Windungssinn) charakterisiert.

Helicale Moleküle besitzen axiale Chiralität. Die Achse, um die sich die Helix windet, ist zugleich ihre Chiralitätsachse. Eine Helix wird als rechtsgängig bezeichnet, wenn sich für den Betrachter, der der Helix entlang der Achse folgt, eine Bewegung im Uhrzeigersinn ergibt. Eine solche Helix wird mit dem kursiv gesetzten Deskriptor P (abgeleitet von plus) gekennzeichnet. Entsprechend erhält eine linksgängige Helix, die einen umgekehrten Windungssinn aufweist, den Deskriptor M (abgeleitet von minus). Den Namen chemischer Verbindungen werden diese Deskriptoren in runde Klammern eingeschlossen und durch Bindestrich abgetrennt vorangestellt.

(M)-Pentahelicen   (P)-4,5-Dimethylphenanthren

Eine rechtsgängige und eine linksgängige Helix sind Enantiomere, wenn ihre Bausteine, wie im Falle von Poly(oxymethylen) (Paraformaldehyd), keine weiteren stereogenen Einheiten besitzen.

Homochiral

Mit dem Wort homochiral wird das Verhältnis zweier Moleküle (oder auch anderer Objekte) zueinander beschrieben. Zwei Moleküle sind homochiral, wenn sie gleich aufgebaut sind und gleiche Konfiguration haben. Eine enantiomerenreine Verbindung ist also aus homochiralen Molekülen zusammengesetzt. Deswegen ist aber die Verbindung nicht homochiral, weil der Begriff homochiral keine Eigenschaft beschreibt, weder die eines Moleküls, noch die einer Menge von Molekülen, sondern eben ein Verhältnis. Homochiral ist also kein Synonym für enantiomerenrein.

Gelegentlich wurden auch Gruppen innerhalb eines Moleküls als homochiral bezeichnet, beispielsweise die beiden Molekülhälften von (R,R)-Weinsäure. Dies mag noch akzeptabel sein. Es ist jedoch besser, diese gleichen Gruppen mit dem korrekten Begriff homomorph zu beschreiben.

Inversion

Das Wort Inversion (wörtlich: Umkehrung) wird in verschiedenen Zusammenhängen mit unterschiedlicher Bedeutung verwendet. In der Stereochemie gebraucht man es hauptsächlich in zwei Weisen.

Trigonal-pyramidal koordinierte Atome können eine Inversion eingehen, indem das Atom an der Spitze der Pyramide durch die von den drei Substituenten aufgespannte Ebene hindurchschwingt. Dadurch ändert sich die Richtung der von diesem Atom ausgehenden Bindungen. Sind die drei Substituenten unterschiedlich, werden durch die pyramidale Inversion Isomere ineinander überführt, die gelegentlich auch Invertomere genannt werden. Dabei handelt es sich um Enantiomere, wenn die Verbindung keine weitere stereogene Einheit besitzt.

Die Energiebarriere für die pyramidale Inversion kann sehr unterschiedlich sein. Am Stickstoffatom von Aminen ist sie gewöhnlich sehr niedrig, so daß stereogene Zentren an dreifach koordinierten Stickstoffatomen nur dann konfigurationsstabil sind, wenn sie wie in Ceftioxid (siehe S. 27), Chinin (siehe S. 38), Dolasetron (siehe S. 78) oder in der Trögerschen Base in ein gespanntes System eingebaut sind, bei dem eine Inversion ohne Bindungsspaltung nicht mehr möglich ist [17].

(+)-Trögersche Base   (−)-Trögersche Base

Bei einer Substitutionsreaktion spricht man von der Inversion des Chiralitätszentrums, wenn die im Molekül verbleibenden Gruppen am Chiralitätszentrum im Edukt und im Produkt die umgekehrte relative Konfiguration aufweisen, also die umgekehrte räumliche Anordnung gegenüber der ausgetauschten Gruppe haben. Eine solche Inversion, die man auch Walden-Umkehr nennt, tritt bei jeder S_N2-Reaktion ein. Sind dabei Nukleophil und Abgangsgruppe identisch, entspricht die Reaktion der Inversion des Chiralitätszentrums.

Daneben wird unter Inversion, weil sich dabei das Vorzeichen des Drehwertes ändert, auch die Spaltung der rechtsdrehenden Saccharose in ein Gemisch von Glucose und Fructose (Invertzucker) durch verdünnte Säuren oder das Enzym Invertase verstanden.

Zur Verwendung des Wortes Inversion in anderen Zusammenhängen siehe unter Symmetrieelemente und Konformation (Ringinversion).

Isomerie

Die Erscheinung, daß Verbindungen gleicher stöchiometrischer Summenformel unterschiedliche molekulare Struktur aufweisen, bezeichnet man als Isomerie. Die betreffenden Verbindungen nennt man Isomere, von denen es zwei Arten gibt. Wenn Isomere unterschiedliche Konstitutionsformeln besitzen, wie z. B. Ethanol und Dimethylether, handelt es sich um Konstitutionsisomere. Zu diesen gehören auch die Tautomere, das sind wegen einer geringen Energiebarriere in einem dynamischen Gleichgewicht miteinander stehende Konstitutionsisomere, und Valenzisomere, die sich durch Lage, Länge und Winkel von Bindungen unterscheiden und durch pericyclische Reaktionen ineinander umwandelbar sind (z. B. Cyclohexa-1,3-dien, **65**, und Hexa-1,3,5-trien, **66**).

Unterscheiden sich Konstitutionsisomere, die ansonsten das gleiche Gerüst haben, nur in der Position der funktionellen Gruppen oder Substituenten innerhalb des Moleküls, spricht man auch von Stellungsisomerie (auch Positionsisomerie oder Regioisomerie). Stellungsisomere unterscheidet man in der Nomenklatur im allgemeinen nur durch verschiedene Lokanten, z. B. Propan-1-ol und Propan-2-ol oder 2-Chlorphenol und 4-Chlorphenol.

65   66

Isomere sind immer entweder Konstitutionsisomere oder, wenn sie gleiche Konstitution haben, Stereoisomere. Letztere können sich nur in der räumlichen Anordnung ihrer Atome unterscheiden und werden weiter unterteilt in Enantiomere und Diastereomere. Die Stereoisomerie kann dabei auf Unterschieden in der Konfiguration oder der Konformation beruhen, wobei die Übergänge fließend sind.

Da Isomere unterschiedliche Struktur besitzen, haben sie meist auch unterschiedliche physikalische und/oder chemische Eigenschaften.

Je größer die Zahl der (von Wasserstoff verschiedenen) Atome einer Verbindung ist, um so größer ist die Zahl der potentiellen Isomere, und zwar sowohl der Konstitutionsisomere als auch der Stereoisomere. Die Zahl der maximal möglichen Konfigurationsisomere zu einer gegebenen Konstitution läßt sich mit Hilfe einer einfachen Formel berechnen, nämlich $x = 2^n$, wobei x die Zahl der theoretisch maximal möglichen Stereoisomere ist und n die Zahl der in der Verbindung vorhandenen stereogenen Einheiten. Das Prostaglandinderivat Gemeprost zum Beispiel enthält vier Chiralitätszentren, die Anlaß zu $2^4 = 16$ Stereoisomeren geben. Berücksichtigt man auch die Doppelbindungen, so ergeben sich mit sechs stereogenen Einheiten folglich $2^6 = 64$ mögliche Stereoisomere. Die tatsächliche Zahl der Stereoisomere kann im Einzelfall wegen konstitutioneller Symmetrie oder wegen zu starker sterischer Spannung niedriger sein, als mit der Formel ermittelt. So gibt es von Campher trotz seiner zwei Chiralitätszentren nur zwei Stereoisomere.

Gemeprost   (+)-Campher

Die Namen von Stereoisomeren unterscheiden sich in der Regel nur durch den Zusatz von ein oder mehreren Stereodeskriptoren. Es gibt nur wenige Beispiele von Stereoisomeren, die wie Fumarsäure und Maleinsäure (siehe S. 38) unterschiedliche Trivialnamen haben.

Konfiguration

Die Konfiguration beschreibt bei gegebener Konstitution die räumliche Anordnung von Atomen oder Atomgruppen innerhalb einer Verbindung, soweit sie von Rotationen um Einfachbindungen nicht beeinflußt wird.

Bei Atropisomeren und bei Verbindungen, die wie Amide Bindungen mit partiellem Doppelbindungscharakter haben, sind die Grenzen zwischen Konfiguration und Konformation fließend.

Im Namen einer Verbindung wird ihre Konfiguration durch den Zusatz von ein oder mehreren Stereodeskriptoren angegeben. Dabei unterscheidet man zwischen Deskriptoren für die absolute Konfiguration und solchen, die die relative Konfiguration beschreiben.

Die Konfiguration einer Verbindung kann erheblichen Einfluß auf ihr chemisches Verhalten haben und ist auch in der Pharmakologie von enormer Bedeutung, aber dennoch ist und bleibt sie ein Strukturmerkmal. Eine Konfiguration kann man auch von einem Modell, einem Korkenzieher oder einem Schneckenhaus bestimmen. Daher ist das Wort Stereochemie, obwohl häufig in diesem Sinne verwendet, kein Synonym für die Konfiguration einer Verbindung und sollte auch keinesfalls in diesem Sinne verwendet werden.

Konformation

Die Konformation ist die exakte räumliche Anordnung der Atome eines Moleküls gegebener Konstitution und Konfiguration. Verschiedenen Konformationen eines Moleküls entsprechen Stereoisomere, die allein durch Drehungen um formale Einfachbindungen ineinander überführt werden können. Ein Molekül kann daher theoretisch in unendlich vielen Konformationen existieren. Konformationsisomere, die

unterschiedlichen Energieminima zugeordnet werden, nennt man
Konformere. Ist die gegenseitige Umwandlung der Konformere durch
eine Behinderung der freien Drehbarkeit von Bindungen eingeschränkt, nennt man sie Rotamere. Liegt die Energiebarriere zwischen
Rotameren so hoch (oberhalb von ca. 100 kJ/mol), daß sie bei Zimmertemperatur getrennt isoliert werden können, handelt es sich um
Atropisomere (siehe dort).

Die Darstellung der Konformation eines Moleküls erfolgt am einfachsten in einer Sägebock-Formel oder vorzugsweise in der Newman-
Projektion.

gestaffelt   schief   ekliptisch

Das einfachste Molekül, bei dem man die Konformation studieren
kann, ist Ethan. Von dessen Konformationen sind zwei besonders
hervorzuheben: die energieärmste, gestaffelte Konformation, bei der
alle Wasserstoffatome größtmöglichen Abstand voneinander haben,
und die energiereichste, verdeckte oder ekliptische Konformation, die
als Übergangszustand zwischen zwei gestaffelten Konformeren betrachtet werden kann. Alle anderen Konformationen nennt man
schief. Den Energieunterschied zwischen der energiereicheren ekliptischen und der gestaffelten Konformation nennt man Pitzer-Spannung.
Über deren Ursache besteht noch keine Gewißheit. Während einerseits
die stärkere Wechselwirkung der Wasserstoffatome in der ekliptischen
Konformation als Erklärung für die Energiebarriere herangezogen
wird, gehen Theoretiker auf der anderen Seite davon aus, daß – im
Gegensatz zu Molekülen mit größeren Gruppen als Wasserstoffatomen
– die Bevorzugung der gestaffelten Konformation im Ethan im wesent-
lichen durch Hyperkonjugation bedingt ist [18, 19, 20].

Da Ethan an jedem Kohlenstoffatom drei homotope Wasserstoffatome trägt, gibt es für eine vollständige Rotation der C-C-Bindung
um 360° insgesamt je drei gleichwertige ekliptische und gestaffelte
Konformationen. In Verbindungen mit unterschiedlichen Substituen-

ten an den beiden Enden einer Bindung gibt es dagegen keine äquivalenten Konformationen mehr. Zu deren Beschreibung verwendet man die Klyne-Prelog-Konvention. Dazu betrachtet man den Diederwinkel zwischen den beiden Bezugsgruppen an jedem Ende der Bindung. Muß die Bezugsgruppe am dem Betrachter näherliegenden Atom im Uhrzeigersinn gedreht werden, um die Bezugsgruppe am anderen Ende der betrachteten Bindung zu verdecken, hat der Diederwinkel ein positives Vorzeichen. Da der Diederwinkel meist nur ungefähr bekannt ist, verwendet man für Winkel bis 90° die Bezeichnung syn, für größere Winkel anti. Winkel von 30–150° bezeichnet man als clinal, alle anderen als planar oder periplanar. Die Konformation ist durch eine entsprechende Kombination dieser Bezeichnungen, z. B. antiperiplanar oder +synclinal, eindeutig gekennzeichnet und wird mit den entsprechenden Abkürzungen *sp*, *sc*, *ac* und *ap* als Stereodeskriptoren angegeben. Die ebenfalls häufig zu lesende Bezeichnung gauche ist äquivalent mit synclinal.

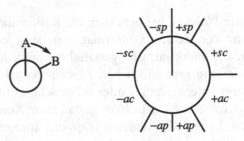

Die Bezugsgruppen (in den nachfolgenden Beispielen hervorgehoben) werden an jedem Ende der betrachteten Bindung unabhängig voneinander aus dem Satz der drei Substituenten nach folgenden Kriterien bestimmt.

1. Sind alle drei Gruppen unterschiedlich, wird die ranghöchste nach dem CIP-System gewählt.
2. Gibt es zwei gleiche Gruppen an einem Atom, wird die sich von ihnen unterscheidende gewählt. Diese kann an Heteroatomen, z. B. dem Stickstoffatom von Ethanamin (**67**), durchaus ein nichtbindendes Elektronenpaar sein.
3. Sind alle drei Gruppen gleich, wählt man diejenige, die den kleinsten Diederwinkel zur Bezugsgruppe am anderen Ende der betrach-

teten Bindung aufweist. Es gibt dann nur synperiplanare und synclinale Konformationen.

+*sc*	*ap*	−*sc*	+*sc*
			67

Einfachbindungen zwischen Doppelbindungen haben durch die Konjugation gewöhnlich einen partiellen Doppelbindungscharakter, so daß hier (zumindest nahezu) ebene Konformationen bevorzugt sind, wenn es dadurch nicht zu sterischen Wechselwirkungen größerer Substituenten kommt. Die synperiplanare und antiperiplanare Anordnung konjugierter Doppelbindungen an einer solchen Einfachbindung wird mit den Deskriptoren *s-cis* bzw. *s-trans* (wobei *s-* von engl. single bond = Einfachbindung abgeleitet ist) beschrieben. Die früher verwendeten Deskriptoren *cisoid* und *transoid* (siehe relative Konfiguration, S. 84) sind dafür keine Synonyme und sollten generell nicht zur Beschreibung einer Konformation verwendet werden. Man beachte, daß sich die Deskriptoren *s-cis* und *s-trans* auf die Orientierung der Doppelbindungen beziehen, die Deskriptoren *sp* und *ap* jedoch auf die ranghöheren Gruppen nach dem CIP-System, weshalb z. B. der Deskriptor *s-trans* nicht zwangsläufig mit dem Deskriptor *ap* korreliert, wie an den einfachen Beispielen Buta-1,3-dien (**68a**) und 2-Chlorbuta-1,3-dien (**69**) deutlich wird. Die Einführung und Verwendung anderer Deskriptoren zur Beschreibung der Konformation von Verbindungen mit konjugierten Doppelbindungen wie *s-E* und *s-Z* ist überflüssig und nicht zu empfehlen.

68a	**68b**	**69**	*sp*
s-trans	*s-cis*	*s-trans*	
ap	*sp*	*sp*	(Z)-N-Methylpropanamid

Die Konformation der Rotamere um die Stickstoff-Carbonyl-kohlenstoff-Bindung von Amiden kann mit den Deskriptoren *s-cis* und *s-trans* nicht beschrieben werden, weil in dieser Gruppierung keine konjugierten Doppelbindungen vorliegen. Hierfür werden die Deskriptoren *E* und *Z* bzw. *ap* und *sp* verwendet (siehe S. 52).

In cyclischen Verbindungen ist die konformationelle Beweglichkeit durch den Ringschluß eingeschränkt. Um der Pitzer-Spannung durch die ekliptische Stellung von Substituenten oder Wasserstoffatomen einerseits und andererseits der Winkelspannung (Baeyer-Spannung) durch eine Abweichung des Bindungswinkels vom Idealwinkel – im Falle von C-C-Einfachbindungen dem Tetraederwinkel von 109° 28' – in einem planaren Ringsystem auszuweichen, nehmen Ringsysteme eine mehr oder weniger stark aus der Planarität abweichende Konformation ein. Am besten gelingt dies im Cyclohexan. Dessen Ring kann eine Konformation einnehmen, die der Form eines Sessels ähnelt, in der alle Winkel dem Tetraederwinkel entsprechen und alle Bindungen vollkommen gestaffelt vorliegen. In dieser Konformation verlaufen sechs der exocyclischen Bindungen parallel zur dreizähligen Drehachse des Moleküls. Man nennt sie daher axial, abgekürzt mit a oder ax. Die anderen sechs exocyclischen Bindungen sind ungefähr parallel zu jeweils einer Ringbindung und werden äquatorial genannt und mit e oder eq (von engl. **equatorial**) abgekürzt. Sowohl axiale als auch äquatoriale Bindungen sind jeweils abwechselnd auf die beiden Seiten der Ringebene orientiert.

Eine solche Sesselkonformation ist jedoch nicht starr. Sie kann sich in eine energiereichere Wannen- oder Bootkonformation oder durch vollständige Ringinversion in eine äquivalente zweite Sesselkonformation umwandeln. Nach der Ringinversion sind alle ursprünglich axialen Gruppen in äquatorialen Positionen und umgekehrt. Dies ist bei substituierten Cyclohexanen von Bedeutung, da axiale und äquatoriale Positionen nicht gleichwertig und somit auch die beiden Sesselformen nicht mehr äquivalent sind. Gewöhnlich ist es günstiger, wenn ein Substituent eine äquatoriale Position einnimmt, da er so keine Wechselwirkung mit den anderen axialen Gruppen oder Wasserstoffatomen hat.

In der Wannenkonformation gibt es neben äquatorial und axial zwei weitere Bezeichnungen für die exocyclischen Bindungen an den Ringatomen, die außerhalb der Ebene der anderen liegen. Die ungefähr parallel zur Ringebene orientierten Bindungen nennt man Bugspriet (engl.: bowsprit, abgekürzt b oder bs), die beiden anderen Fahnenstange (engl.: flagpole, abgekürzt f oder fp). Wegen der abstossenden Wechselwirkung der Atome oder Gruppen in den beiden Fahnenstangepositionen und der zusätzlich zwei Bindungen in ekliptischer Konformation entspricht die Wannenform einem relativen Energiemaximum, aus dem diese Konformation durch leichte Verdrillung in eine Twistbootkonformation ausweicht.

Wannenkonformation   Twistbootkonformation

Konstitution

Die Konstitution einer Verbindung ist die Angabe der Zahl und der Art ihrer Atome sowie der Reihenfolge und der Art der Verknüpfung aller ihrer Atome, wobei die räumliche Ausrichtung unberücksichtigt bleibt. Sie beschreibt also das vollständige Atomgerüst und alle Valenzbindungen, einschließlich deren Bindungsordnung, einer Verbindung.

Früher (vereinzelt auch heute noch) wurde vor allem in der Organischen Chemie der Begriff Struktur weitestgehend als Synonym für die

Konstitution einer Verbindung verwendet, obwohl die Konstitution eine unvollständige Strukturbeschreibung ist. Da der Begriff Struktur bereits eine räumliche Vorstellung impliziert, wie es in der Biochemie und auch bei einer Röntgenstruktur als selbstverständlich angesehen wird, sollte er nicht mehr verwendet werden, wenn einzelne Aspekte der Struktur, z. B. die Konfiguration, unberücksichtigt bleiben sollen.

Mesoverbindung

Eine Mesoverbindung ist ein achirales und folglich optisch inaktives Diastereomer aus einem Satz von Stereoisomeren, der auch chirale Verbindungen enthält, und kann folglich auch nicht als Racemat auftreten. Eine solche Verbindung besitzt ein Symmetrieelement der zweiten Art – häufig eine intramolekulare Spiegelebene –, das zwei enantiomorphe Molekülfragmente direkt aufeinander abbildet, weshalb eine Mesoverbindung trotz vorhandener Chiralitätselemente achiral ist. Das in einer Mesoverbindung enthaltene Symmetrieelement zweiter Art reduziert daher auch die mit der Formel $x = 2^n$ ermittelte Maximalzahl der Stereoisomere der Verbindung. Von Weinsäure etwa gibt es nur drei statt der vier Stereoisomere, weil zu der Mesoverbindung kein Enantiomer existiert. Diese Überlegungen können von Verbindungen mit Chiralitätszentren analog auch auf konstitutionell symmetrische Verbindungen mit zwei Chiralitätsachsen oder zwei Chiralitätsebenen übertragen werden. Beispiele für Mesoverbindungen sind (2R,3S)-Weinsäure (*meso*-Weinsäure), (3R,6S)-3,6-Diisopropylpiperazin-2,5-dion [Cyclo(D-Val-L-Val), 70] oder (1R,2S,3R,4S)-2,3-Dichlorbicyclo[2.2.1]heptan (71). Keine Mesoverbindungen sind dagegen z. B. Bicyclo[2.2.1]hept-2-en (72) oder 7-*anti*-Chlorbicyclo[2.2.1]hept-2-en (73), weil es von ihnen keine bzw. keine chiralen Stereoisomere gibt.

70   *meso*-Weinsäure   71   72   73

Der Name einer Mesoverbindung kann mit dem Namenszusatz *meso-* versehen werden. Bei nur zwei Chiralitätszentren in der Verbindung ersetzt dieser Namenszusatz üblicherweise die Stereodeskriptoren. Interessant ist, daß die *E/Z*-Isomere von Oximen, Hydrazonen oder Iminen, die gewöhnlich als Diastereomere auftreten, enantiomer zueinander sind, wenn sie von einem Keton abgeleitet werden, dessen Carbonylgruppe in der Spiegelebene einer Mesoverbindung liegt.

*meso-*2,6-Dihydroxyheptan-4-on
oder (2*R*,6*S*)-2,6-Dihydroxyheptan-4-on

(2*R*,4*Z*,6*S*)-
4-(Hydroxyimino)heptan-2,6-diol

(2*R*,4*E*,6*S*)-

Mills-Darstellung

Mills-Darstellung ist eine aus dem Bereich der Kohlenhydratchemie stammende Bezeichnung für eine Formelschreibweise, bei der ein Ringsystem als Projektion in die Zeichenebene dargestellt wird, auf die der Betrachter senkrecht von oben schaut. Für die Bindungen zu den an das Ringsystem gebundenen Gruppen werden in der Mills-Darstellung wie in der Zick-Zack-Schreibweise fette und gestrichelte Keile verwendet. Eine solche Formel ist den für Cyclitole und Kohlenhydrate ebenfalls verwendeten Haworth- und Fischer-Projektionen vorzuziehen, denn diese zur Darstellung einfacher Monosaccharide hilfreichen Projektionen werden schnell unhandlich, wenn substituierte Derivate darzustellen sind – insbesondere, wenn diese weitere Ringe enthalten wie die bei den Kohlenhydraten häufig verwendeten cyclischen Ketale. In diesen Fällen ist die Mills-Darstellung wesentlich übersichtlicher, wie exemplarisch für Methyl-2,3:4,6-di-*O*-isopropyliden-β-ᴅ-glucopyranosid gezeigt ist.

Fischer-Projektion   Haworth-Projektion   Mills-Darstellung

Mutarotation

Als Mutarotation bezeichnet man die Veränderung des Drehwertes einer optisch aktiven Substanz mit der Zeit. Mutarotation wird in der Regel nur bei Flüssigkeiten, zumeist bei frisch bereiteten Lösungen optisch aktiver Verbindungen beobachtet. Diese Veränderung ist stets darauf zurückzuführen, daß sich die Verbindung (in Lösung) in eine Verbindung mit einem anderen Drehwert umwandelt. Dies kann durch eine Racemisierung oder eine Epimerisierung geschehen, bei der sich die Konfiguration eines Chiralitätszentrums ändert, aber auch durch eine chemische Reaktion, bei der kein stereogenes Zentrum der Verbindung betroffen ist, z. B. bei der Oxidation von L-Cystein ($[\alpha]_D^{20} = +8$ [$c = 5$ in 1 mol/l HCl]) zu L-Cystin ($[\alpha]_D^{20} = -225$ [$c = 5$ in 1 mol/l HCl]). Mutarotation endet, wenn die Umwandlung beendet ist oder ein Gleichgewicht zwischen den Verbindungen erreicht wurde. So wird sich unabhängig davon, ob man Kristalle der α-D-Glucopyranose oder der β-D-Glucopyranose in Wasser auflöst, der jeweils anfängliche Drehwert im Laufe der Zeit demselben Endwert von $[\alpha]_D^{20} = 52,7$ nähern, weil sich die beiden Anomere über das offenkettige Tautomer miteinander ins Gleichgewicht setzen.

Wegen der Abhängigkeit sowohl der Lage eines chemischen Gleichgewichtes als auch des Drehwertes einer Verbindung vom verwendeten Lösungsmittel ist auch die Mutarotation lösungsmittelabhängig.

β-D-Glucopyranose
$[\alpha]_D^{20} = 18,7$

α-D-Glucopyranose
$[\alpha]_D^{20} = 112,2$

Newman-Projektion

Eine Newman-Projektion ist eine Projektionsformel zur Verdeutlichung der räumlichen Anordnung von Bindungen und an sie gebundenen Gruppen an zwei benachbarten Atomen. Um zu einer Newman-Projektion zu gelangen, wird ein Molekül entlang der Achse einer Bindung betrachtet, die senkrecht zur Zeichenebene angenommen wird. Das dem Betrachter näherliegende Atom wird durch einen Kreis dargestellt und die von diesem Atom ausgehenden Bindungen treffen sich im Mittelpunkt dieses Kreises. Das vom Betrachter weiter entfernte Atom wird durch das näherliegende Atom verdeckt. Die vom verdeckten Atom ausgehenden Bindungen beginnen daher erst an der Peripherie des Kreises. Die Newman-Projektion ist damit besonders zur Darstellung der Konformation eines Moleküls geeignet. Sie wird aber auch bei der Vorhersage des sterischen Verlaufs einer Reaktion mit Hilfe der Cramschen Regel verwendet.

meso-Weinsäure

Optische Aktivität

Unter optischer Aktivität versteht man die Fähigkeit einer Substanz, die Schwingungsebene des durch sie hindurchtretenden linear polarisierten Lichtes um einen bestimmten Winkel zu drehen. Notwendige Voraussetzung für das Auftreten von optischer Aktivität ist Chiralität. Diese kann in der molekularen Struktur einer Verbindung begründet sein oder, wie im Falle von Quarz, im Bau des Kristallgitters.

Hat die optische Aktivität ihre Ursache allein in der molekularen Struktur einer Verbindung, setzt ihr Auftreten voraus, daß die Enantiomere in der Probe in ungleichen Mengen vorhanden sind. Ein Racemat ist stets optisch inaktiv. Reine Enantiomere zeigen den gleichen Drehwert, jedoch mit unterschiedlichem Vorzeichen.

Der Drehwert α einer Verbindung erhält ein positives Vorzeichen, wenn die Verbindung rechtsdrehend ist, d. h. wenn sie die Schwingungsebene des linear polarisierten Lichtes für den Betrachter beim Blick in den ihm entgegenkommenden Lichtstrahl im Uhrzeigersinn dreht. Entsprechend hat eine linksdrehende Verbindung einen negativen Drehwert.

Außer von ihrer molekularen Struktur ist der Drehwert α einer Verbindung auch abhängig von ihrer Konzentration in der Probe, der Schichtdicke der durchstrahlten Probe, der Temperatur, dem Lösungsmittel und der Wellenlänge des verwendeten Lichtes. Dadurch kann es vorkommen, daß eine chirale, nicht racemische Verbindung unter den gewählten Versuchsbedingungen optisch inaktiv ist.

Die Abhängigkeit des Drehwertes von der Schichtdicke der durchstrahlten Probe ist linear, die von der Konzentration kann unter der Annahme idealer Verhältnisse, d. h. keiner Wechselwirkungen der einzelnen Moleküle untereinander, ebenfalls als linear angenommen werden (was aber durchaus nicht immer zutrifft). Dies läßt sich in der Gleichung

$$\alpha = [\alpha] \cdot l \cdot c \quad \text{oder} \quad [\alpha] = \frac{\alpha}{l \cdot c}$$

ausdrücken, in der l die Schichtdicke und c die Konzentration bedeuten. Der Proportionalitätsfaktor $[\alpha]$ wird spezifischer Drehwert genannt und aus der umgeformten Gleichung errechnet. Darin werden l in dm und c in g/cm^3 (g/ml) Lösung angegeben. Für Reinsubstanzen tritt an die Stelle der Konzentration die Dichte mit der gleichen Einheit. Die Einheit von $[\alpha]$ ergibt sich demnach zu $° \cdot$ cm^3/dm $\cdot$ g oder $0{,}1° \cdot$ cm^2/g (und nicht °, wie oft zu lesen). Für Lösungen ist es üblich, die Konzentration c' in g/100 ml Lösung anzugeben. Der spezifische Drehwert errechnet sich dann zu

$$[\alpha] = \frac{100 \cdot \alpha}{l \cdot c'}.$$

Um bei einer Messung zwischen den Drehwerten α und $\alpha + n \cdot 180°$ (n = ganze Zahl) unterscheiden zu können, sind mindestens zwei Messungen bei verschiedenen Konzentrationen notwendig.

Die Wellenlängen- und Temperaturabhängigkeit wird durch entsprechende tief- bzw. hochgestellte Indizes am Symbol $[\alpha]$ (oder α), also $[\alpha]_\lambda^T$, berücksichtigt. Die Werte werden für die Temperatur in °C und die Wellenlänge in nm ohne die Einheiten angegeben, wobei für den Drehwert bei der Wellenlänge der Natrium-D-Linie (589,3 nm) zumeist nur ein D geschrieben wird. Lösungsmittel und (wegen des oft nicht idealen Verhaltens) Konzentration der Probe, für die diese Größe ermittelt wurde, werden in Klammern nach dem Wert angegeben. Beispielsweise beträgt der spezifische Drehwert für L-Leucin in Wasser $[\alpha]_D^{25} = -10{,}8$ ($c = 2{,}2$ in H$_2$O), in Salzsäure dagegen $[\alpha]_D^{26} = +15{,}1$ ($c = 0{,}2$ in 6 mol/l HCl). Cycloserin hat bei 546 und 589,3 nm spezifische Drehwerte von $[\alpha]_{546}^{20} = 138$ ($c = 2$ in H$_2$O) bzw. $[\alpha]_D^{20} = 114$ ($c = 2$ in H$_2$O).

L-Leucin   Cycloserin   (−)-Milchsäure-ethylester

Ist die absolute Konfiguration von Enantiomeren nicht bekannt, können sie durch die Deskriptoren (+) oder (−) für das Vorzeichen ihres Drehwertes unterschieden werden. Diese Angabe sollte sich auf den Drehwert für Licht der Wellenlänge 589,3 nm beziehen. Entsprechend kann ein Racemat mit dem Deskriptor (±) gekennzeichnet werden. Diese Deskriptoren gelten stets für die gesamte Verbindung. Die Konfiguration einer Gruppe oder eines Substituenten kann auf diese Weise nicht angegeben werden, weil ein Drehwert für ein Molekülfragment nicht definiert ist. Der Ethylester von (+)-Milchsäure heißt, weil sich bei der Veresterung das Vorzeichen des Drehwertes ändert, folglich (–)-Milchsäure-ethylester oder (–)-Ethyllactat [und nicht (+)-Milchsäure-ethylester oder Ethyl-(+)-lactat].

Soll im Namen einer chiralen Verbindung das Vorzeichen der von ihr bewirkten optischen Drehung zusätzlich zu anderen Stereodeskriptoren angegeben werden, geschieht dies nach den Stereodeskriptoren für die absolute Konfiguration, wenn aber nur ein Deskriptor für die relative Konfiguration verwendet wird, vor diesem.

Früher wurden anstelle von (+) und (–) die Deskriptoren *d* (für dextrorotatorisch) bzw. *l* (für laevorotatorisch) verwendet. Sie sind obsolet und sollten wegen der Verwechslungsgefahr mit den Deskriptoren D und L sowie *u* und *l* nicht mehr verwendet werden.

In Arzneistoffnamen und einigen Trivialnamen haben sich diese alten Bezeichnungen zum Teil erhalten. So beginnen die Internationalen Freinamen (INN) von Verbindungen, von denen beide Enantiomere potentielle Arzneistoffe sind oder von denen neben einem reinen Enantiomer auch das Racemat im Einsatz ist, oft mit der Silbe Dex- (gelegentlich auch Dextro-) für das rechtsdrehende bzw. Lev- oder Levo- für das linksdrehende Isomer. Bekannte Beispiele sind das Analgetikum Levomethadon und das Antiphlogistikum Dexibuprofen. Hierbei ist jedoch auf gelegentliche Ausnahmen hinzuweisen, in denen diese Silben nicht für den Drehwert, sondern für die Konfiguration der Verbindung verwendet werden. Zum Beispiel wurde für das rechtsdrehende L-Glutamin Levoglutamid als INN vorgeschlagen (der jedoch zurückgenommen und durch Glutamin ersetzt wurde).

Levomethadon   Dexibuprofen   L-Glutamin

Optische Ausbeute

In einer Reaktion mit chiralen Reaktanden und chiralen Produkten bezeichnet man das Verhältnis der optischen Reinheit des Produktes zur optischen Reinheit der betreffenden Vorstufe (Edukt, Reagens oder Katalysator) als optische Ausbeute. Die optische Ausbeute ist nicht mit der optischen Reinheit selbst zu verwechseln. Letztere kann auch bei 100 % optischer Ausbeute wesentlich niedriger liegen, wenn das Edukt nicht enantiomerenrein war.

Optische Reinheit

Die optische Reinheit ist ein Maß für die Enantiomerenreinheit einer Verbindung. Sie beschreibt das Verhältnis des gemessenen Drehwertes der Probe zum Drehwert des reinen Enantiomers und ist durch die Gleichung

$$\% \text{ optische Reinheit} = \frac{[\alpha] \cdot 100}{[\alpha]_0}$$

definiert, in der $[\alpha]$ den spezifischen Drehwert der untersuchten Probe und $[\alpha]_0$ den spezifischen Drehwert eines reinen Enantiomers bedeuten. Von optischer Reinheit sollte daher ausschließlich dann gesprochen werden, wenn die Bestimmung über eine Drehwertmessung erfolgte.

Sinnvoll ist die Ermittlung der optischen Reinheit jedoch nur, wenn die Gegenwart anderer, insbesondere optisch aktiver Verunreinigungen ausgeschlossen werden kann. Beispielsweise ist der spezifische Drehwert des Disulfids von Penicillamin mit $[\alpha]_D^{25} = -76$ ($c = 1$ in 1 mol/l NaOH) deutlich höher als der des als Arzneistoff eingesetzten Penicillamin (D-Penicillamin) selbst, der $[\alpha]_D^{20} = -63$ ($c = 1$ in 1 mol/l NaOH) beträgt. Bei Anwesenheit des sich leicht bildenden Oxidationsproduktes wird für den Arzneistoff also eine wesentlich höhere optische Reinheit vorgetäuscht, als die Verbindung tatsächlich aufweist, was bei der starken Toxizität des enantiomeren L-Penicillamin nicht ganz ungefährlich ist. Aber auch achirale Verunreinigungen, von denen man gewöhnlich annimmt, daß sie den Drehwert wie bei Verdünnung einer Lösung herabsetzen, können ihn in Einzelfällen, z. B. wenn Komplexbildung mit der chiralen Verbindung eintritt, erhöhen. So verursacht beispielsweise Acetophenon eine Erhöhung des spezifischen Drehwertes von 1-Phenylethanol. Es ist daher äußerst wichtig, sich vor Augen zu halten, daß die optische Reinheit nur im Idealfall mit dem Enantiomerenüberschuß identisch ist.

Planare Chiralität

Von planarer Chiralität spricht man bei Verbindungen, deren stereogene Einheit eine Chiralitätsebene ist. Dabei handelt es sich um ein planares (oder idealisiert als eben angenommenes) Molekülfragment, das mindestens einen Substituenten trägt, der aus der Ebene herausragt und dadurch zur Chiralität dieses Molekülfragmentes führt. Bekannte Beispiele sind (E)-Cycloocten und (S_p)-1,4(1,4)-Dibenzenacyclohexaphan-1^2-carbonsäure (74) sowie dessen Substitutionsprodukt (R_p)-1³,1⁵-Dibrom-1,4(1,4)-dibenzenacyclohexaphan-1^2-carbonsäure (75). Gerade bei den Cyclophanen wird diese Art von Chiralität häufig beobachtet, weil die den aromatischen Ring überbrückenden Ketten aus sterischen Gründen nicht durch Rotation von Bindungen auf die andere Seite der Ringebene gelangen können.

74 (S_p) 75 (R_p) (R_p,E)-Cycloocten (S_p,E)-Cycloocten
                          (R_p)-[(E)-Cycloocten] (S_p)-[(E)-Cycloocten]

Die Konfiguration von Verbindungen mit Chiralitätsebene wird mit den Stereodeskriptoren R_p und S_p beschrieben, die dem Namen einer Verbindung durch Bindestrich getrennt und in runde Klammern eingeschlossen vorangestellt werden. Zu ihrer Bestimmung muß zuerst das Leitatom (engl.: pilot atom; in den Formeln durch einen Pfeil gekennzeichnet) festgelegt werden. Es ist dasjenige von den direkt an ein Atom der Chiralitätsebene gebundenen Atomen außerhalb dieser Ebene, dem die höchste Priorität nach den CIP-Regeln zukommt. Von diesem aus werden die drei ersten Atome innerhalb der Ebene betrachtet, wobei bei Verzweigungen jeweils der Weg zum ranghöheren Atom nach den CIP-Regeln gewählt wird. Beschreibt die Folge dieser drei Atome beim Blick vom Leitatom aus einen Bogen im Uhrzeigersinn, ist der Deskriptor R_p zu wählen. Entsprechend liegt S_p-Konfiguration vor, wenn sich ein Bogen gegen den Uhrzeigersinn ergibt.

Gelegentlich werden auch die Deskriptoren P und M zur Angabe der Konfiguration der Chiralitätsebene verwendet. Deren Bestimmung erfolgt auf die gleiche Weise, wobei R_p und P bzw. S_p und M einander entsprechen. Die früher ebenfalls verwendeten Deskriptoren pR, (entspricht R_p) und pS sind obsolet.

Prochiralität/Prostereoisomerie

Als prochiral wird eine Verbindung bezeichnet, die durch eine einzige Transformation chiral werden kann, z. B. Methylmalonsäure (**76**) bei der Veresterung oder Reduktion einer ihrer Carboxygruppen oder 2,2-Dichlorbutan (**77**) bei der Substitution eines seiner Chloratome.

(*R*)-Methylmalonsäuremethylester   **76**   (*S*)-Methylmalonsäuremethylester

(*S*)-2-Chlor-2-(ethylsulfanyl)butan   **77**   (*R*)-2-Chlor-2-(ethylsulfanyl)butan

Im allgemeinen besitzt eine solche Verbindung ein oder mehrere Prochiralitätszentren. Das sind Atome, die durch den Ersatz eines Substituenten (z. B. eines Chloratoms in 77 oder einer Carboxygruppe in 76) oder durch die Addition eines weiteren (an ein trigonal-planares Zentrum) zu einem Chiralitätszentrum werden können. Diese Definition erlaubt das Vorhandensein von Prochiralitätszentren auch in chiralen Molekülen. Man muß daher bei der Anwendung der Bezeichnung prochiral auf eine Verbindung vorsichtig sein. Prochiral kann nur eine achirale Verbindung sein. Ist die Verbindung bereits chiral, kann sie zwar zusätzlich Prochiralitätszentren (oder prochirale Gruppen) enthalten, aber nicht mehr als Ganze als prochiral bezeichnet werden.

Eng verbunden mit dem Begriff der Prochiralität ist der Begriff der Topizität (siehe dort). Prochirale Verbindungen zeigen in achiraler Umgebung keine Besonderheit. In einer chiralen Umgebung (z. B. Enzym oder chiraler Reaktionspartner) jedoch werden die enantiotopen Gruppen oder Seiten einer prochiralen Verbindung unterschieden (vgl. auch Cramsche Regel).

In Acetophenon, dessen Carbonylkohlenstoffatom ein Prochiralitätszentrum ist, kann dieses durch Addition einer weiteren Gruppe, z. B. eines Hydridions bei der Reduktion mit $NaBH_4$ oder bei der Grignard-Reaktion mit Ethylmagnesiumbromid (aber nicht mit Methylmagnesiumiodid), in ein Chiralitätszentrum umgewandelt werden. Je nachdem, von welcher Seite das Reagens angreift, entsteht das eine oder das andere Enantiomer des jeweiligen Produktes. Da der Angriff des Hydridions oder des Grignard-Reagenzes von der *Re*-Seite und der *Si*-Seite gleich wahrscheinlich ist, wird jeweils ein Racemat entstehen. Mit einem Enzym ist jedoch eine stereoselektive Reduktion von Acetophenon möglich, bei der im Falle der Dehydrogenase aus Bäckerhefe bevorzugt (*S*)-1-Phenylethanol entsteht. An diesem Beispiel wird auch deutlich, daß beim Angriff von der *Re*-Seite abhängig von der Art des Reagenzes, d. h. genauer der Priorität der neu eingeführten Gruppe, einmal das *R*-Produkt und einmal das *S*-Produkt entstehen kann.

(*S*)-1-Phenylethanol   (*R*)-2-Phenylbutan-2-ol

Prochiralität kann nicht nur durch Prochiralitätszentren verursacht sein. Chlorallen zum Beispiel besitzt nicht nur ein Prochiralitätszentrum an dem chlorsubstituierten Kohlenstoffatom sondern auch eine Prochiralitätsachse. Diese bedingt, daß die beiden geminalen Wasserstoffatome am anderen Ende des Moleküls enantiotop sind (vgl. Topizität).

$$
\overset{Re}{\underset{H}{Cl_{\cdots\cdots}}}\!\!=\!C\!=\!\overset{H\ pro\text{-}S_a}{\underset{H\ pro\text{-}R_a}{}}
\qquad
\overset{pro\text{-}E\ H \qquad H}{\underset{pro\text{-}Z\ H \qquad Cl}{}}
$$

$$
\text{Chlorallen} \qquad\qquad\qquad \text{Chlorethen}
$$

Prochiralität ist die häufigste Form der Prostereoisomerie. Prostereoisomerie gibt es beispielsweise auch an Doppelbindungen wie in Chlorethen, dessen beiden Wasserstoffatome in Position 2 nicht äquivalent sind. Die Substitution eines von ihnen führt zu E/Z-Isomeren. Man bezeichnet sie daher mit den Deskriptoren pro-E und pro-Z.

Pseudochiralitätszentrum

Ein Pseudochiralitätszentrum ist ein tetraedrisch koordiniertes Atom, von dessen vier verschiedenen daran gebundenen Gruppen genau zwei identische Konstitution, aber entgegengesetzten Chiralitätssinn aufweisen, also enantiomorph sind. Für solche Zentren verwendet man die Stereodeskriptoren r und s. Ob r- oder s-Konfiguration vorliegt, wird wie eine absolute Konfiguration nach dem CIP-System bestimmt, wobei die Regel, daß der R-konfigurierte Substituent höhere Priorität hat als der S-konfigurierte, zur Anwendung kommt. In einfachen Fällen handelt es sich bei Verbindungen mit Pseudochiralitätszentren um Mesoverbindungen wie die Zuckersäuren Ribarsäure und Xylarsäure. Ein interessantes Beispiel ist das Antiemetikum Dolasetron, zu dem es wegen seiner konstitutionellen Symmetrie nur ein – ebenfalls achirales – Diastereomer gibt. Es besitzt drei Pseudochiralitätszentren – neben zwei Kohlenstoffatomen auch ein Stickstoffatom, dessen Konfiguration nicht invertiert werden kann.

Ribarsäure   Xylarsäure   Dolasetron

Ein Pseudochiralitätszentrum wird immer noch gelegentlich als ein Chiralitätszentrum beschrieben, das sich in einer Spiegelebene des Moleküls befinde. Dies ist aus zwei Gründen nicht richtig. Im Gegensatz zur Konfiguration der Chiralitätszentren bleibt die Konfiguration von Pseudochiralitätszentren bei einer Spiegelung des Moleküls erhalten. Ferner gibt es durchaus Verbindungen mit Pseudochiralitätszentrum, die chiral sind, in denen folglich keine Spiegelebene vorliegt, z. B. Scopolamin.

Scopolamin

Ein Pseudochiralitätszentrum wird zu einem Prochiralitätszentrum, wenn die Konfiguration nur eines der beiden enantiomorphen Substituenten invertiert wird, so daß sie auch gleiche Konfiguration haben. Man gelangt damit sowohl von Xylarsäure als auch von Ribarsäure zu den beiden Enantiomeren der Arabinarsäure.

L-Arabinarsäure   D-Arabinarsäure

Der Begriff Pseudoasymmetrie gilt wie der neuere synonym verwendete Begriff Pseudochiralität strenggenommen nur für Verbindungen mit einer formal asymmetrisch substituierten stereogenen Einheit, beispielsweise einem Pseudochiralitätszentrum, die aber dennoch achiral sind, also z. B. Dolasetron oder die zuvor genannten Mesoverbindungen. Dabei ist das Phänomen der Pseudoasymmetrie nicht auf Verbindungen mit Pseudochiralitätszentren beschränkt, sondern kann auch dann auftreten, wenn die stereogene Einheit eine Achse (wie in **78**) oder eine Ebene ist.

$$\begin{array}{c} \text{HO} \quad S \\ \text{Cl}^{\cdots} \quad\quad\quad\quad r_a \\ \text{H} \quad\quad C \\ \quad\quad R \\ \text{HO} \end{array}$$

78

(3R,5S)-4-[(r_a)-Chlorvinyliden]heptan-3,5-diol

oder (3R,4r_a,5S)-4-(Chlorvinyliden)heptan-3,5-diol

Racemat

Ein Racemat ist ein äquimolares Gemisch zweier Enantiomerer. Weil sich in einem solchen Gemisch die Drehwerte der Enantiomere zu null addieren, sind Racemate stets optisch inaktiv. Der Begriff ist von dem lateinischen Namen der Traubensäure, acidum racemicum (von racemus: die Traube), dem Racemat der Weinsäure, abgeleitet, welches das erste Racemat war, das in die Enantiomere getrennt wurde. Im gasförmigen, flüssigen und gelösten Zustand ist die Bezeichnung Racemat immer zutreffend. Im festen Zustand bestehen jedoch, abhängig von der Stärke der Anziehungskräfte zwischen den Molekülen gleicher und entgegengesetzter Konfiguration, mehrere Möglichkeiten, welche Form ein Racemat einnehmen kann. Sind die Anziehungskräfte zwischen den Molekülen gleicher Konfiguration größer, bilden sich Kristalle, die jeweils nur eines der Enantiomere enthalten. Das Racemat ist dann ein Konglomerat aus den beiden Kristallarten, das man auch racemisches Konglomerat nennt. Bei stärkeren Anziehungskräften zwischen den Molekülen entgegengesetzter Konfiguration enthalten die Kristalle die Enantiomere stöchiometrisch einheitlich und an bestimmten Plätzen in der Einheitszelle. Es handelt sich dann um eine racemische Verbindung. Unterscheiden sich die Anziehungskräfte zwischen gleich und entgegengesetzt konfigurierten Molekülen kaum, erhält man racemische Mischkristalle, in denen die Enantiomere statistisch verteilt sind. Die Kristalle entsprechen dann einer festen racemischen Lösung.

Der Begriff Racemat hat im Laufe der Zeit einen Bedeutungswandel erfahren. War er ursprünglich die Bezeichnung für eine racemische Verbindung, so ist er heute der Oberbegriff für alle Racemformen. Nicht so eindeutig ist der Bedeutungswandel bei der Bezeichnung racemisches Gemisch. Sie wurde als Synonym sowohl für racemisches Konglomerat, als auch für Racemat verwendet und sollte daher zur Wahrung der Eindeutigkeit vermieden werden.

Da ein Racemat ein Gemisch von Enantiomeren ist, kann es von achiralen Verbindungen kein Racemat geben, auch wenn sie, wie z. B. Mesoverbindungen, Chiralitätszentren besitzen. Auch können niemals einzelne Chiralitätszentren einer Verbindung racemisch sein, sondern stets nur die gesamte Verbindung.

rac-Butan-2-ol
oder (±)-Butan-2-ol
oder (RS)-Butan-2-ol
oder (2RS)-Butan-2-ol

79

80
Adrenalin oder Epinephrin

Zur Kennzeichnung eines Racemates wird dem Verbindungsnamen oder der Nummer, die einer sterisch gezeichneten Formel zugeordnet ist, die kursiv gesetzte Vorsilbe *rac-* (gesprochen: racemo) vorangestellt, z. B. *rac*-Butan-2-ol. Im Namen kann auch der Deskriptor (±)- verwendet werden, der das frühere *dl* ersetzt und möglichst nicht in der Schreibweise (+/–)- dargestellt werden sollte. Werden dabei zur Kennzeichnung der relativen Konfiguration zusätzliche Stereodeskriptoren nach dem CIP-System benötigt, erhält das Chiralitätszentrum mit dem niedrigsten Lokanten willkürlich den Deskriptor *R*. Alternativ können ohne einen weiteren Zusatz die Stereodeskriptoren *RS* und *SR* (ohne Komma oder Schrägstrich, weil ein Komma die Stereodeskriptoren für zwei verschiedene Chiralitätszentren trennt und ein Schrägstrich gewöhnlich zwischen zwei Alternativen steht) verwendet werden, wobei wiederum dem niedrigstnumerierten Chiralitätszentrum (sowie allen stereogenen Zentren mit der gleichen Konfiguration) der Deskriptor *RS* zugeordnet wird, den entgegengesetzt konfigurierten dagegen der Deskriptor *SR*. Das Racemat von Verbindung 79, also *rac*-79, kann demnach als *rac*-(2*R*,3*S*,4*R*)-Hexan-2,3,4-triol oder (2*RS*,3*SR*,4*RS*)-Hexan-2,3,4-triol benannt werden. Für Racemate von Aminosäuren (und Kohlenhydraten) wird meist der Stereodeskriptor DL aus dem D/L-System verwendet.

Einem Internationalen Freinamen (INN) für einen Arzneistoff wird die Vorsilbe Rac- oder Race- vorangestellt, wenn das Racemat einer Verbindung, die bereits zuvor als reines Enantiomer einen INN erhalten hat, für pharmazeutische Zwecke Verwendung finden soll. Ein bekanntes Beispiel ist das Sympathomimetikum Racepinephrin (*rac*-80).

Racemisierung

Unter Racemisierung versteht man die Bildung eines Racemates aus einer Substanz, in der ein Enantiomer überwiegt. Da ein Racemat ein Gemisch ist, kann der Begriff Racemisierung nicht für ein einzelnes Molekül angewandt werden. Hier spricht man von Enantiomerisierung. Ebenso ist es falsch, von der Racemisierung eines einzelnen Chiralitätszentrums zu sprechen, weil ein Racemat ein Gemisch von Enantiomeren ist.

Racemisierung unter Erhalt der Konstitution kann durch Spaltung und Neuknüpfung von Bindungen, z. B. bei α-substituierten Carbonylverbindungen bei Einwirkung von Basen oder auch Säuren, durch Inversion, wie bei trigonal-pyramidal koordinierten Chiralitätszentren, oder durch Rotation um Bindungen, etwa bei Atropisomeren oder Konformeren, erfolgen.

Racemisierung kann auch während einer Reaktion zu einem anderen Produkt stattfinden, z. B. bei einer S_N1-Reaktion oder, wenn die

Reaktion über ein Enolat verläuft. Auch durch bestimmte Enzyme – Racemasen genannt – kann Racemisierung hervorgerufen werden.

Relative Konfiguration

Die relative Konfiguration einer Verbindung ist die räumliche Anordnung von Gruppen oder Atomen relativ zu anderen Gruppierungen desselben Moleküls. Sie ist auch bei chiralen Verbindungen reflexionsinvariant. Zu ihrer Beschreibung gibt es eine ganze Reihe verschiedener Stereodeskriptoren.

An einem Ring wird die relative Konfiguration durch den Stereodeskriptor *cis* beschrieben, wenn zwei Substituenten an verschiedenen Atomen auf dieselbe Seite der (idealisierten) Ringebene weisen. Entsprechend sind sie *trans*-ständig, wenn sie von der Ringebene aus in entgegengesetzte Richtungen orientiert sind. Diese Deskriptoren sind auch zur Beschreibung der relativen Orientierung zweier Substituenten an den beiden Enden einer Doppelbindung geeignet, wenn die betreffenden Substituenten ausdrücklich benannt werden oder offensichtlich ist, auf welche Substituenten sich die Angabe bezieht. Das gleiche gilt für die Liganden quadratisch-planarer Koordinationsverbindungen.

cis-1,3-Dimethylcyclopentan   *trans*-Cyclohexan-1,2-diamin

Wenn an einen Ring mehr als zwei Substituenten gebunden sind, sind die Deskriptoren *cis* und *trans* nicht mehr eindeutig. Dann wird der Substituent am niedrigstnumerierten stereogenen Zentrum als Referenzsubstituent definiert und dessen Lokanten der Deskriptor *r* angefügt. Befinden sich an diesem stereogenen Zentrum zwei Substituenten, wird die als Suffix genannte funktionelle Gruppe der Referenzsubstituent oder, falls es eine solche nicht gibt, der ranghöchste

Substituent nach dem CIP-System. Den Lokanten der anderen Substituenten werden je nachdem, ob sie *cis*- oder *trans*-ständig zum Referenzsubstituenten sind, die Deskriptoren *c* bzw. *t* nachgestellt.

1,2*c*-Dichlor-1*r*-iodcyclohexan   3*t*-Brom-1-chlorcyclopentan-1*r*-carbonsäure

Die *Chemical Abstracts* haben ein anderes System, das dort bis zur Ablösung durch das CIP-System im Jahre 1998 für alle cyclischen Verbindungen galt, seitdem jedoch fast ausschließlich noch für Mesoverbindungen Anwendung findet. Darin ist der nach dem CIP-System ranghöhere Substituent am niedrigstnumerierten stereogenen Zentrum der Bezugssubstituent. Er befindet sich auf der α-Seite der Ringebene. Wenn der nach dem CIP-System jeweils ranghöhere Substituent an den anderen stereogenen Zentren des Ringsystems *cis*-ständig zum Bezugssubstituenten ist, erhält das betreffende stereogene Zentrum ebenfalls den Deskriptor α, ansonsten den Deskriptor β. Diese Deskriptoren werden – in aufsteigender Reihenfolge der zugehörigen Lokanten geordnet und gemeinsam in Klammern eingeschlossen – dem Namen der Verbindung vorangestellt. Ein Beispiel ist (2*r*,4*R*,5*S*)-2,4,5-Trimethyl-1,3-dioxolan (**81**), das bei den *Chemical Abstracts* (2α,4β,5β)-2,4,5-trimethyl-1,3-dioxolane heißt. Man beachte, daß die Deskriptoren α und β mit anderer Definition auch zur Beschreibung der absoluten Konfiguration von Naturstoffen, z. B. Steroiden (siehe absolute Konfiguration), und des Anomeriezentrums von Kohlenhydraten (siehe Anomer) verwendet werden.

81   **82**

Bei Bicyclen, deren beide Zweige des Hauptringes länger als die mindestens ein Atom enthaltende Brücke sind, dienen die Stereodeskriptoren *exo*, *endo*, *syn* und *anti* zur Beschreibung der relativen Konfiguration. Sie werden durch Bindestriche eingeschlossen zwischen dem Lokanten und dem Namen des Substituenten, dessen Orientierung sie angeben, genannt. Ein Substituent an der Brücke erhält den Deskriptor *syn*, wenn er zum niedrigerbezifferten Zweig des Hauptringes weist, und *anti*, wenn er von diesem weg weist. Im Hauptring wird ein Substituent mit dem Deskriptor *exo* versehen, wenn er zur Brücke weist, und *endo*, wenn er von der Brücke weg gerichtet ist. Ein Beispiel ist 5-*exo*-Brom-5-*endo*,7-*anti*-dimethylbicyclo[2.2.1]hept-2-en (**82** und/oder *ent*-**82**).

Zur Kennzeichnung der relativen Konfiguration von gesättigten Ringverschmelzungsstellen anellierter tricyclischer und höhercyclischer Verbindungen sind die Bezeichnungen *cisoid* und *transoid* in Gebrauch, die an die Stelle der früher dafür verwendeten Deskriptoren *syn*- bzw. *anti*- getreten sind. Die Stereodeskriptoren *R* und *S* gemäß dem CIP-System – ggf. in Verbindung mit den Deskriptoren *rac*- (für ein Racemat) oder *rel*- (siehe unten) – werden jedoch bevorzugt. Beispielsweise steht der Name *cis-cisoid-trans*-Tetradecahydrophenanthren für (4a*R*,4b*S*,8a*S*,10a*S*)-Tetradecahydrophenanthren (**83**) und/oder (4a*R*,4b*S*,8a*R*,10a*R*)-Tetradecahydrophenanthren (*ent*-**83**). Zur Beschreibung einer Konformation sollten die Deskriptoren *cisoid* und *transoid* dagegen generell nicht mehr verwendet werden.

83   *ent*-**83**

cis-cisoid-trans-Tetradecahydrophenanthren

Für Verbindungen mit genau zwei Chiralitätszentren kann die relative Konfiguration mit den Deskriptoren *l* und *u* (von engl. like und unlike = gleich bzw. ungleich) angegeben werden, wenn die absolute Konfiguration beider Chiralitätszentren der Verbindung nach dem CIP-System gleich bzw. ungleich ist.

l-Butan-2,3-diol

Ebenso können die aus der Kohlenhydratnomenklatur stammenden Deskriptoren *erythro* und *threo* für offenkettige Verbindungen verwendet werden, die sich in eindeutiger Weise in der Fischer-Projektion darstellen lassen. In einer *erythro*-Verbindung stehen die beiden Substituenten auf derselben Seite der Hauptkette, bei einer *threo*-Verbindung auf unterschiedlichen Seiten. Man beachte, daß sich diese Angabe, um eindeutig zu sein, unbedingt auf eine Darstellung in der Fischer-Projektion beziehen muß.

(D-Threose)   (L-Threose)   (L-Erythrose)   (D-Erythrose)

threo-2,3,4-Trihydroxybutanal   *erythro*-2,3,4-Trihydroxybutanal

In der Kohlenhydratnomenklatur gibt es darüber hinaus die Präfixe *ribo, arabino, xylo* und *lyxo* sowie *allo, altro, gluco, manno, gulo, ido, galacto* und *talo* zur Beschreibung der relativen Konfiguration von drei bzw. vier aufeinanderfolgenden Chiralitätszentren. Die relative Orientierung der jeweiligen Bezugssubstituenten in der Fischer-Projektion ist für die einzelnen Präfixe nachfolgend schematisch dargestellt.

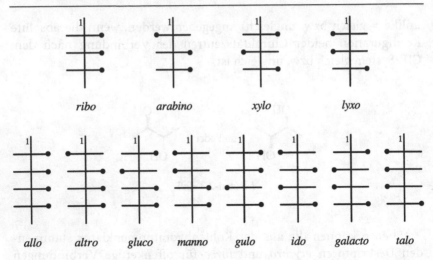

Bei der Verwendung der bisher genannten Stereodeskriptoren für die relative Konfiguration geht ohne den Zusatz eines weiteren Stereodeskriptors aus dem Namen der Verbindung nicht hervor, ob es sich im Falle einer chiralen Verbindung um ein reines Enantiomer oder um ein Racemat handelt. Sie werden daher ohne Klammern verwendet.

Üblicherweise ist jedoch, wenn man von Verbindungen sagt, es sei nur ihre relative Konfiguration bekannt, damit gemeint, daß es sich um ein reines Enantiomer handelt, dessen absolute Konfiguration nicht bekannt ist. In einem solchen Fall verwendet man die Stereodeskriptoren R^* und S^* anstelle der Deskriptoren R und S, wobei das niedrigstnummerierte Chiralitätszentrum sowie alle stereogenen Zentren mit der gleichen Konfiguration den Deskriptor R^* erhalten. Alternativ können die Sterne entfallen und statt dessen dem Satz der Stereodeskriptoren das kursiv gesetzte Präfix *rel* vorangestellt werden. Demnach beschreibt der Name *rel*-(2*R*,3*S*,4*R*)-Hexan-2,3,4-triol wie (2*R**,3*S**,4*R**)-Hexan-2,3,4-triol, daß entweder Verbindung 79 (siehe S. 80) oder *ent*-79, jedoch nicht *rac*-79 vorliegt. Bei der Interpretation von Namen in Publikationen ist jedoch zu beachten, daß die Stereodeskriptoren R^* und S^* häufig regelwidrig zur Beschreibung eines Racemates verwendet wurden.

Bedauerlicherweise wird bei den *Chemical Abstracts* seit 1998 nicht mehr zwischen Racematen und reinen Enantiomeren unbekannter absoluter Konfiguration unterschieden. Sie wurden unter einer Registriernummer zusammengeführt. Im Register werden diese Verbindungen jetzt mit dem Präfix *rel* gekennzeichnet, jedoch ohne jeglichen Hinweis im Index Guide, daß dieses Präfix bei den *Chemical Abstracts* mit einer anderen Bedeutung verwendet wird, als es den internationalen Konventionen entspricht.

Von relativer Konfiguration spricht man auch bei Verbindungen unterschiedlicher Konstitution, die sich nur in einem Substituenten an einer stereogenen Einheit unterscheiden. Nehmen die sich unterscheidenden Gruppen die gleiche räumliche Anordnung gegenüber den identischen Gruppen in den Molekülen ein, haben diese die gleiche relative Konfiguration. Zum Beispiel ist das D/L-System (siehe dort) strenggenommen ein System zur Beschreibung der relativen Konfiguration, weil die Konfiguration aller Verbindungen auf eine Referenzverbindung bezogen angegeben wird, deren absolute Konfiguration übrigens bei der Einführung des Systems noch nicht bekannt war.

Retention

Retention (wörtlich: Erhaltung) ist ein Ausdruck zur Beschreibung des sterischen Verlaufs einer Reaktion. Eine Reaktion verläuft unter Retention, wenn Edukt und Produkt dieselbe relative Konfiguration aufweisen, d. h. die im Molekül unverändert verbleibenden Gruppen an einem Chiralitätszentrum oder einer anderen stereogenen Einheit die gleiche räumliche Anordnung gegenüber der veränderten oder substituierten Gruppe haben.

Die bei einer Substitutionsreaktion beobachtete Retention kann auch das Ergebnis zweier aufeinanderfolgender Inversionen sein.

Sägebock-Formel

Die Sägebock-Formel ist eine vereinfachte perspektivische Darstellung eines Molekülmodells zur Verdeutlichung der räumlichen Anordnung von Bindungen und der an sie gebundenen Gruppen an zwei benachbarten Atomen. Die Bindung zwischen diesen beiden Atomen wird definitionsgemäß so gezeichnet, daß sich an ihrem linken unteren

Ende das dem Betrachter nähergelegene Atom befindet. Die an das weiter entfernte Atom gebundenen Gruppen oder Atome werden an ihrem rechten oberen Ende dargestellt.

$$ap \qquad\qquad sp$$

meso-Weinsäure

Sägebock-Formeln sind damit besonders zur Beschreibung der Konformation eines Moleküls oder zur Darstellung des sterischen Verlaufs von Additions- und Eliminierungsreaktionen geeignet.

Sekundärstruktur

Sehr große Moleküle zeigen neben ihrer Primärstruktur, die durch deren Konstitution und Konfiguration gekennzeichnet ist, eine durch konformationelle Festlegung bedingte Überstruktur, die Sekundärstruktur. Mit diesem Begriff, der am häufigsten für Proteinstrukturen verwendet wird, beschreibt man eine definierte räumliche Anordnung nicht direkt benachbarter Molekülteile zueinander. Sie kommt dadurch zustande, daß im Nahbereich durch den anomeren Effekt und den Gauche-Effekt bestimmte Konformationen begünstigt sind. Diese können zusätzlich durch Wasserstoffbrückenbindungen sowie van-der-Waals-Wechselwirkungen durch den Raum stabilisiert sein.

Häufige Sekundärstrukturen sind Zick-Zack-Konformationen, wie sie z. B. in der β-Faltblattstruktur von Faserproteinen beobachtet werden, oder helicale Strukturen wie in der α-Helix vieler Proteine. Aus den natürlich vorkommenden L-Aminosäuren bestehende α-Helices können rechtsgängig oder linksgängig sein. Die rechtsgängige Helix ist jedoch deutlich stabiler und kommt daher in Proteinen nahezu ausschließlich vor. Sie hat eine Ganghöhe von 3,6 Aminosäureresten auf

0,54 nm und einen Steigungswinkel von 26°. Helicale Sekundärstrukturen nehmen auch andere Biopolymere wie Polysaccharide, etwa Amylose, und die Nucleinsäuren DNA und RNA ein.

Die weitere dreidimensionale Faltung von einzelnen Molekülabschnitten mit jeweils individueller Sekundärstruktur nennt man Tertiärstruktur. Diese schließt bei Proteinen auch die Konformation der Seitenketten ein.

Die Quartärstruktur schließlich bezeichnet in Proteinen, die aus mehreren nicht kovalent miteinander verbundenen Polypeptidketten bestehen, die räumliche Anordnung dieser Polypeptidketten zueinander, und bildet damit einen Übergang zur supramolekularen Chemie.

Stereochemie

Die Stereochemie ist das Teilgebiet der Chemie, das sich mit den Konsequenzen der dreidimensionalen Struktur von Verbindungen für deren Reaktivität und Verhalten in chemischen Reaktionen beschäftigt. Der Begriff Stereochemie gilt stets für das gesamte Gebiet der Stereochemie. Seine Anwendung für das Verhalten einer einzelnen Verbindung ist sachlich ebensowenig gerechtfertigt wie seine Reduktion allein auf die Strukturbeschreibung. Aus demselben Grund ist es auch falsch, das Wort Stereochemie als Synonym für Konfiguration zu verwenden.

Stereodeskriptor

Ein Stereodeskriptor ist ein Namenszusatz zur Beschreibung der Konfiguration oder der Konformation einer Verbindung. Man unterscheidet Stereodeskriptoren für die absolute Konfiguration einer stereogenen Einheit von solchen, die nur die relative Konfiguration anzeigen. Wenn von einer Verbindung die absolute Konfiguration bekannt ist, sollte diese eindeutig und vollständig beschrieben werden.

Da Stereodeskriptoren Namenszusätze sind, werden sie, mit Ausnahme der als Kapitälchen (also kleiner) gesetzten Deskriptoren D und L sowie der Symbole + und –, kursiv gesetzt. Wenn nötig wird ihnen ein Lokant vorangestellt. Stereodeskriptoren, die sich aus dem CIP-

System ableiten, werden dem Namen der Verbindung in runde Klammern eingeschlossen und durch einen Bindestrich getrennt vorangestellt. Sind zur Konfigurationsbeschreibung einer Verbindung mehrere solcher Stereodeskriptoren notwendig, werden sie in aufsteigender Reihenfolge ihrer Lokanten geordnet, durch Komma getrennt und gemeinsam in Klammern eingeschlossen, z. B. (2E,4R)-4-Hydroxyhex-2-ensäure (84).

Sollte eine eindeutige Zuordnung eines Stereodeskriptors zu einer bestimmten Struktureinheit nicht mehr möglich sein, wenn er am Anfang des gesamten Namens steht, wird er, wie in (1R,2S)-2-[(2R)-2-Chlorpropyl]cyclohexanol (85), an den Anfang der entsprechenden Untereinheit (Substituenten) gestellt.

Stereodeskriptoren, die die relative Orientierung eines Substituenten bezüglich eines Molekülgerüstes beschreiben, z. B. *syn*, *anti*, *exo*, *endo*, *r*, *c*, *t*, α, β, müssen im Namen der Verbindung direkt nach dem Lokanten des betreffenden Substituenten stehen.

Die meisten Stereodeskriptoren können als Symbole klassifiziert werden. Einige wenige haben jedoch eher die Stellung eines Präfixes. Besonders augenfällig ist das bei den Deskriptoren, die in der Kohlenhydratnomenklatur Verwendung finden, weil sie dort häufig den Stammnamen ersetzen, z. B. α-D-Glucopyranose statt α-D-*gluco*-Hexopyranose.

Stereogene Einheit

Die Bezeichnung stereogenes Zentrum (oft etwas lax zu Stereozentrum verkürzt) wird meist als Synonym für ein Chiralitätszentrum verwendet. Vom Wortsinn her betrachtet und unter Berücksichtigung der molekularen Strukturen muß dies jedoch keinesfalls immer so sein. Zwar ist jedes Chiralitätszentrum zugleich ein stereogenes Zentrum, doch umgekehrt muß ein stereogenes Zentrum kein Chiralitätszentrum sein, sondern kann auch ein Pseudochiralitätszentrum oder sogar ein Prochiralitätszentrum sein. Beispielsweise kann von den vier Prochiralitätszentren in 3-Chlorcyclobutanol das Kohlenstoffatom in Position 3 als stereogenes Zentrum betrachtet werden, denn das Chloratom kann *cis*oder *trans*-ständig zur Hydroxygruppe sein. Folglich erhält man Stereoisomere, wenn man die Konfiguration in Position 3 verändert. Ebenso erhält man Stereoisomere, wenn man die Konfiguration an Position 1 bezüglich der festgehaltenen Konfiguration in Position 3 verändert. Somit kann auch C-1 als stereogenes Zentrum betrachtet werden.

Im Gegensatz zum Ausdruck stereogenes Zentrum, ist bei der Bezeichnung stereogene Einheit schon offensichtlich, daß der Begriff weiter gefaßt zu verstehen ist. Allgemein gilt eine Struktureinheit in einem Molekül als stereogene Einheit, wenn sie die Ursache für das Auftreten von Stereoisomeren ist. Diese Struktureinheit kann ein Chiralitätszentrum, eine Chiralitätsachse oder eine Chiralitätsebene sein, für welche bisher auch die Sammelbezeichnung Chiralitätselemente verwendet wurde.

Stereogene Einheiten, die Anlaß zum Auftreten achiraler Diastereomerer geben, können eine Doppelbindung oder die Ebene eines cyclischen Systems sein. So ist es bei 3-Chlorcyclobutanol möglich und vielleicht sogar sinnvoller, statt die beiden Prochiralitätszentren als stereogene Zentren anzusehen, die Ringebene als eine stereogene Einheit zu betrachten.

trans-3-Chlorcyclobutanol   (3*R*)-(−)-Chinasäure   (1*s*,3*R*,4*r*,5*S*)-1,3,4,5-Tetrahydroxycyclohexancarbonsäure

Eine in dieser Hinsicht interessante Verbindung ist die natürlich vorkommende Chinasäure, von deren vier stereogenen Zentren nur zwei Chiralitätszentren sind. Die beiden anderen sind die mit Hydroxy-gruppen substituierten Prochiralitätszentren in Position 1 und 4, für welche die für 3-Chlorcyclobutanol angestellten Überlegungen analog gelten. Tatsächlich ist es so, daß die Konfiguration der beiden Prochi-ralitätszentren in Position 1 und 4 der Chinasäure unabhängig von den beiden Chiralitätszentren variiert werden kann, da man sich (nur für diese beiden Zentren!) ersatzweise die idealisierte Ringebene als stereo-gene Einheit vorstellen kann. Man könnte also ohne Informationsver-lust von der *cis*-Ständigkeit der beiden Hydroxygruppen in Position 1 und 4 sprechen, vorausgesetzt allerdings, daß die Konfiguration in Position 3 und 5 identisch ist – also beide Chiralitätszentren *R*-kon-figuriert oder beide *S*-konfiguriert sind. Ändert man die Konfiguration eines der Chiralitätszentren der Chinasäure, werden die beiden Prochi-ralitätszentren in Position 1 und 4 zu Pseudochiralitätszentren.

Stereoselektivität

Wird in einer Reaktion von zwei oder mehr denkbaren stereoisomeren Produkten eines bevorzugt oder ausschließlich gebildet, nennt man diese Reaktion stereoselektiv. Entstehen in einer stereoselektiven Re-aktion unterschiedliche Mengen zweier Enantiomerer, wird sie auch als enantioselektiv bezeichnet, was für jede asymmetrische Synthese zutrifft; ansonsten ist sie diastereoselektiv. Es ist auch möglich, daß eine Reaktion diastereoselektiv und enantioselektiv zugleich ist, dann nämlich, wenn in ihr zwei Chiralitätszentren erzeugt werden. Die mei-sten Beispiele hierfür sind Aldoladditionen, Hydrierungen tetrasubsti-tuierter Doppelbindungen oder allgemein Additionen an Olefine.

Wenn ein Stereoisomer bevorzugt gebildet wird, kann dies auch daran liegen, daß aus einem Gemisch von stereoisomeren Edukten, z. B. einem Racemat, eines bevorzugt umgesetzt wird. Solche Reaktio-nen sind auch substratstereoselektiv genannt worden. Besser ist es jedoch, den Begriff selektiv stets auf die Produkte bezogen zu verwen-den und statt von substratstereoselektiven Reaktionen von Enantio-mere oder Diastereomere differenzierenden Reaktionen zu sprechen. Hierzu gehören viele Enzymreaktionen, bei denen man auch von Sub-stratspezifität spricht, sowie die kinetische Racemattrennung.

Eine substratstereoselektive, in diesem Falle Diastereomere differenzierende Reaktion, bei der allerdings das Produkt aus beiden Edukten identisch ist, ist die Eliminierung von Bromwasserstoff aus (*E*)- und (*Z*)-1-Brom-2-phenylethen.

(*E*)-1-Brom-2-phenylethen   Phenylacetylen   (*Z*)-1-Brom-2-phenylethen

Auch in anderen Zusammenhängen ist der Begriff Selektivität in der Chemie auf den Verlauf von Reaktionen bezogen und bedeutet die bevorzugte Bildung eines von mehreren denkbaren Produkten. Beispielsweise bedingt Regioselektivität durch eine bevorzugte Orientierung zweier Reaktanden zueinander, z. B. des Diens und des Dienophils in der Diels-Alder-Reaktion, das Überwiegen eines der regioisomeren Produkte. Bei Positionsselektivität, die häufig auch der Regioselektivität zugerechnet wird, geben gleiche funktionelle Gruppen in unterschiedlichen Positionen Anlaß zur bevorzugten Bildung eines Produktes. Durch die Unterschiede von primären, sekundären und tertiären Alkoholen ist hier die Grenze zur Chemoselektivität, bei der ein Produkt durch unterschiedliche Reaktivität verschiedener funktioneller Gruppen oder gar einen anderen Reaktionstyp bevorzugt gebildet wird, fließend. Die denkbaren Produkte sind dann mitunter keine Isomere.

Stereospezifische Bezifferung

In den biochemischen Stoffwechselwegen erscheinen recht häufig Derivate von Glycerol, insbesondere Glyceride. Um bei deren Benennung und Bezifferung nicht ständig auf eine wechselnde Konfiguration am zentralen Kohlenstoffatom des Glycerols, das im unsubstituierten Glycerol ein Prochiralitätszentrum ist, achten zu müssen, wurde für diese Verbindungsgruppe das System der stereospezifischen Bezifferung entwickelt.

Die Konvention der stereospezifischen Bezifferung ist, daß Glycerol in einer Fischer-Projektion mit der zentralen Hydroxygruppe nach links geschrieben wird, so daß sich bei unsymmetrischer Substitution L-Konfiguration ergibt. Die Bezifferung erfolgt, wie in einer Fischer-Projektion üblich, von oben nach unten. Dies hat zur Folge, daß es ein nur in Position 3 substituiertes Glycerol geben kann, obwohl dieses nach den üblichen Konventionen der chemischen Nomenklatur dann anders herum beziffert werden müßte.

Der Bezug auf dieses System wird im Namen einer Verbindung dadurch kenntlich gemacht, daß dem Stammnamen Glycerol der kursiv gesetzte Deskriptor *sn* (von engl. stereospecific numbering) direkt vorangestellt wird. Ist die absolute Konfiguration nicht bekannt, wird der Deskriptor *sn* durch ein großes kursiv gesetztes *X* ersetzt.

1,2-Di-*O*-acetyl-3-*O*-β-D-galactopyranosyl-*sn*-glycerol

Es ist offensichtlich, daß sich in diesem System Enantiomere in der Bezifferung unterscheiden. Beispielsweise ist das Enantiomer von 3-*O*-Palmitoyl-*sn*-glycerol das 1-*O*-Palmitoyl-*sn*-glycerol.

3-*O*-Palmitoyl-*sn*-glycerol   1-*O*-Palmitoyl-*sn*-glycerol

Eine ähnliche stereospezifische Bezifferung wurde für *myo*-Inositol eingeführt (siehe Cyclitole).

Stereospezifität

Stereospezifität ist ein Sonderfall der Stereoselektivität. Eine Reaktion ist dann stereospezifisch, wenn aus stereoisomeren Edukten stereoisomere Produkte entstehen. Eine stereospezifische Reaktion ist z. B. die S_N2-Reaktion. Da sie stets unter Inversion (Walden-Umkehr) verläuft, wird jede Veränderung eines Eduktes zu einer entsprechenden Änderung im Produkt führen. Auch die Addition von Brom an Doppelbindungen verläuft gewöhnlich stereospezifisch. So erhält man aus Fumarsäure *meso*-2,3-Dibrombernsteinsäure, aus Maleinsäure hingegen *rac*-2,3-Dibrombernsteinsäure. Jede dieser Reaktionen ist für sich stereoselektiv. Sie sind auch stereospezifisch, weil aus diastereomeren Edukten (in vorhersagbarer Weise) diastereomere Produkte entstehen. Voraussetzung dafür sind in diesem Fall allerdings niedrige Reaktionstemperatur und Ausschluß von Licht. Andernfalls entsteht auch aus Maleinsäure stereoselektiv das *meso*-Produkt.

Maleinsäure

Fumarsäure

Stereospezifität schließt eine Aussage über den Grad der in einer Reaktion erzielten Stereoselektivität nicht mit ein. Die in der Literatur gelegentlich anzutreffende Verwendung des Begriffes stereospezifisch im Sinne von 100 % oder sehr hoch (> 98 %) stereoselektiv ist sachlich nicht gerechtfertigt und als überholt anzusehen.

In der Biochemie ist der Begriff Spezifität für Enzyme bezüglich einer Unterscheidung von Edukten (oder Substraten) in Gebrauch. Man spricht dort eher von Substratspezifität als von Substratselektivität.

Symmetrieelemente

Die Art der Symmetrie eines Moleküls oder eines beliebigen Objektes wird durch die Gesamtheit aller Symmetrieoperationen, die dieses in eine deckungsgleiche Anordnung überführen, beschrieben. Sie werden in der Symmetriegruppe zusammengefaßt, die wiederum in Untergruppen eingeteilt wird, die man Symmetrieelemente nennt.

Bei Molekülen sind vor allem die innerhalb des Moleküls liegenden internen Symmetrieelemente von Interesse, von denen es vier Typen gibt. Man teilt sie in Symmetrieelemente erster Art, das sind Drehachsen, sowie Symmetrieelemente zweiter Art, das sind Spiegelebenen, Inversionszentrum und Drehspiegelachsen, ein.

Eine n-zählige Drehachse C_n (gelegentlich – in Anlehnung an die englische Bezeichnung – auch Symmetrieachse genannt) liegt vor, wenn eine Drehung um den Winkel $360°/n$ um diese Achse zu einer deckungsgleichen Anordnung aller Atome des Moleküls führt. Eine zweizählige Drehachse C_2 besitzt z. B. das Wassermolekül, eine dreizählige Drehachse C_3 besitzen Chloroform und Ammoniak. Benzen hat eine sechszählige Drehachse senkrecht zur Molekülebene, darüber hinaus aber auch noch sechs zweizählige, die in der Molekülebene liegen und durch gegenüberliegende Atome bzw. gegenüberliegende Seitenmitten gehen. Lineare Moleküle wie Acetylen oder Blausäure haben eine unendlichzählige Drehachse.

Eine durch das Molekül gelegte Spiegelebene σ (gelegentlich auch Symmetrieebene genannt – wiederum in Anlehnung an die englische Bezeichnung) teilt das Molekül in zwei spiegelbildliche Hälften. Planare Moleküle haben stets mindestens eine Spiegelebene, die Molekülebene.

Die Drehspiegeloperation ist eine Kombination aus einer Drehung um eine Achse und einer Spiegelung an einer zu dieser Achse senkrechten Ebene. Eine S_1-Achse entspricht folglich einer Spiegelebene σ. Eine Drehspiegelachse S_n kann, muß aber nicht mit einer Drehachse des Moleküls zusammenfallen. Eine S_2-Achse ist äquivalent mit einem Inversionszentrum. Daher hat ein Molekül, das eine S_2-Achse besitzt, prinzipiell beliebig viele davon, wie exemplarisch für (E)-1,2-Dichlorethen dargestellt.

An einem Inversionszentrum i (in Anlehnung an die englische Bezeichnung auch Symmetriezentrum) können alle Punkte eines Moleküls durch eine Punktspiegelung in äquivalente Punkte gespiegelt werden, d. h. jedem Punkt oder Atom des Moleküls ist ein äquivalenter Punkt am anderen Ende einer Strecke zugeordnet, deren Mitte das Inversionszentrum ist.

86

Die Symmetrieeigenschaften von Molekülen beeinflussen ihre physikalischen und chemischen Eigenschaften, z. B. das Dipolmoment, das spektroskopische Verhalten oder die optische Aktivität. Optisch aktiv sind nur Verbindungen, deren Moleküle keine Symmetrieelemente der zweiten Art besitzen, also chiral sind. Drehachsen können sie wie z. B. *threo*-Butan-2,3-diol (**86** oder *ent*-**86**) hingegen durchaus noch aufweisen. Lediglich asymmetrische Moleküle haben – außer der einzähligen Drehachse C_1, die der Identitätsoperation entspricht, – keine Symmetrieelemente.

Die Gesamtheit aller Symmetrieelemente eines Moleküls ist die durch das Schoenflies-Symbol gekennzeichnete Punktgruppe, so genannt, weil bei allen zur Gruppe gehörenden Symmetrieoperationen mindestens ein Punkt im Raum unverändert bleibt. Zur Beschreibung von Kristallstrukturen gibt es genau 32 Punktgruppen, die man auch die Kristallklassen nennt. Weil Kristalle bezogen auf den molekularen Maßstab eine unendliche Ausdehnung haben, kommen in ihnen jedoch noch die für das einzelne Molekül externen Symmetrieelemente Translation, Gleitspiegelachsen und Schraubenachsen sowie die anstelle der Drehspiegelachsen verwendeten Drehinversionsachsen hinzu. Bei diesen Symmetrieoperationen bleibt kein Punkt des Raumes mehr unverändert, weshalb man die Gesamtheit der Symmetrieelemente eines Kristalls als Raumgruppe bezeichnet. Die insgesamt 230 Raumgruppen werden im internationalen System mit Hermann-Mauguin-Symbolen beschrieben.

Topizität

Unter Topizität wird die (topographische) Beziehung zwischen (konstitutionell **und** konfigurativ) identischen Gruppen oder Atomen innerhalb eines Moleküls verstanden. Solche identischen Gruppen können sich auch in identischer Umgebung befinden, dann nennt man sie homotop, oder eben in topographisch unterschiedlicher Umgebung, dann sind sie heterotop. Unterscheiden sich heterotope Gruppen durch ihre konstitutionelle Umgebung, nennt man sie konstitutop (oder konstitutionell heterotop), ansonsten stereoheterotop. Stereoheterotope Gruppen wiederum werden in enantiotope und diastereotope Gruppen unterteilt.

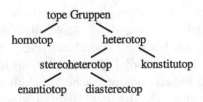

Zur Bestimmung der topischen Beziehung zweier Gruppen gibt es zwei Möglichkeiten, eine Symmetriebetrachtung oder einen Substitutionstest, bei dem man erst die eine und dann die andere Gruppe durch eine noch nicht im Molekül vorhandene Gruppe ersetzt. Homotope Gruppen lassen sich durch Rotation um eine Drehachse (C_n) ineinander überführen, z. B. die Chloratome von Chloroform oder Dichlormethan. Die Substitution eines jeden von ihnen führt zu identischen Produkten. Die Substitution heterotoper Gruppen kann zu Enantiomeren oder Diastereomeren führen. Erhält man dabei Enantiomere, sind die betreffenden Gruppen enantiotop und die sie enthaltende Verbindung ist dann prochiral. Enantiotope Gruppen lassen sich durch eine Drehspiegeloperation (S_n) ineinander überführen. Am häufigsten ist dies eine S_1-Achse, welche einer Spiegelebene σ entspricht. Bei der Substitution diastereotoper Gruppen, die durch keine Symmetrieoperation mehr ineinander überführt werden können, entstehen Diastereomere. Diastereotope Gruppen sind in der Regel im NMR-Spektrum unterscheidbar.

Zwei schöne Beispiele sind Pentan-3-on und Butan-2-ol. In letzterem sind wegen der freien Drehbarkeit um die C-C-Bindungen jeweils die Wasserstoffatome einer Methylgruppe homotop. Die Wasserstoffatome der Methylengruppe sind dagegen diastereotop, was prinzipiell für alle stereoheterotopen Gruppen in chiralen Verbindungen gilt. In Pentan-3-on sind die beiden Ethylgruppen homotop und ebenso alle Wasserstoffatome der beiden Methylgruppen. Die Wasserstoffatome einer Methylengruppe sind dagegen enantiotop. Zusätzlich existiert zu jedem Wasserstoffatom der einen Methylengruppe noch je ein homotopes und ein enantiotopes Wasserstoffatom in der anderen Methylengruppe, und zwar sind zu jedem pro-R-Wasserstoffatom die beiden pro-S-Wasserstoffatome enantiotop. Daraus kann man ersehen, daß, obwohl es zu einer Verbindung stets nur ein Enantiomer geben kann, innerhalb eines Moleküls durchaus mehrere zu einer Gruppe enantiotope Gruppen vorhanden sein können.

(S)-Butan-2-ol   Pentan-3-on   Citronensäure

Etwas komplizierter sind die Verhältnisse bei Citronensäure. Hier gibt es konstitutope und enantiotope Carboxygruppen. Auch die beiden Methylengruppen sind enantiotop. Die Wasserstoffatome einer Methylengruppe sind jedoch diastereotop, weil bei der Substitution eines der beiden Wasserstoffatome am benachbarten Kohlenstoffatom ebenfalls ein Chiralitätszentrum entsteht. Es gibt aber zu jedem Wasserstoffatom einer Methylengruppe noch ein enantiotopes Wasserstoffatom in der anderen Methylengruppe, und zwar sind das *pro-R*-Wasserstoffatom der einen und das *pro-S*-Wasserstoffatom der anderen Methylengruppe enantiotop.

Heterotope Gruppen werden üblicherweise mit Hilfe der hier bereits verwendeten Deskriptoren *pro-R* und *pro-S* unterschieden. Zu deren Festlegung gibt man willkürlich einer der beiden heterotopen Gruppen eine höhere Priorität als der anderen, wobei die Prioritätenfolge der übrigen Substituenten des Prochiralitätszentrums unverändert bleiben muß, und bestimmt dann die hypothetische Konfiguration des Zentrums gemäß dem CIP-System. Erhält man dabei *R*-Konfiguration, ist die Gruppe, der man die höhere Priorität zugeteilt hat, die *pro-R*-Gruppe. Die andere Gruppe ist dann die *pro-S*-Gruppe, was sich durch die Gegenprobe, bei der diese Gruppe die höhere Priorität zugewiesen bekommt, überprüfen läßt. Bei der Konfigurationsbestimmung muß dann *S*-Konfiguration resultieren.

Heterotope Gruppen müssen nicht an ein Prochiralitätszentrum gebunden sein. Diastereotope Gruppen können auch in Verbindungen vorkommen, die nach der Substitution je einer dieser Gruppen achirale Diastereomere ergeben. An Doppelbindungen bezeichnet man heterotope Gruppen (deren Substitution zu *E/Z*-Isomeren führt) mit den Deskriptoren *pro-E* und *pro-Z*.

Die Topizitätsbetrachtungen kann man ebenso auf die beiden Seiten einer trigonal-planaren Struktureinheit anwenden und so homotope, enantiotope und diastereotope Seiten unterscheiden. Die heterotopen

Seiten eines trigonal-planaren Prochiralitätszentrums bezeichnet man mit den Deskriptoren *Re* und *Si*. Sind die nach dem CIP-System in abnehmender Priorität geordneten Substituenten für den Betrachter im Uhrzeigersinn angeordnet, blickt er auf die *Re*-Seite, die andere Seite (von der aus gesehen die Substituenten natürlich andersherum angeordnet sind) ist dann die *Si*-Seite. Handelt es sich bei zwei der drei Substituenten um enantiomorphe Gruppen, hat von diesen der Substituent mit *R*-Konfiguration Vorrang. Die beiden Seiten des trigonalen Zentrums werden dann durch die Deskriptoren *re* und *si* unterschieden.

Acetophenon   (2*R*,4*S*)-2,4-Dihydroxypentan-3-on

Auch heterotopen Gruppen können die Deskriptoren *Re* und *Si* zugeordnet werden, je nachdem, ob sich die betreffende Gruppe auf der *Re*- oder der *Si*-Seite der übrigen drei Substituenten des Prochiralitätszentrums befindet. Die Deskriptoren *pro-R* und *pro-S* werden jedoch bevorzugt. Wichtig ist dabei, daß wegen ihrer unterschiedlichen Definitionen die *Re*-Gruppe nicht immer der *pro-R*-Gruppe entspricht.

Walden-Umkehr

Bereits vor gut hundertzehn Jahren beobachtete Walden, daß (–)-Äpfelsäure [(–)-2-Hydroxybernsteinsäure, 87] in (+)-Chlorbernsteinsäure (88) und diese je nach Reaktionsbedingungen in (+)-Äpfelsäure (*ent*-87) oder wieder in (–)-Äpfelsäure umgewandelt werden kann [21,22]. Umgekehrt gelang ihm die Umsetzung von (+)-Äpfelsäure über (–)-Chlorbernsteinsäure zu (–)-Äpfelsäure. Er hatte also eine

Möglichkeit gefunden, die Konfiguration einer Verbindung zu invertieren. Es ist klar, daß in dieser Zweistufenreaktion einer der beiden Reaktionsschritte unter Inversion, der andere aber unter Retention verlaufen muß. Inzwischen weiß man, daß die Substitution des Chloratoms unter Retention in Wahrheit eine doppelte Inversion unter Nachbargruppenbeteiligung einer der Carboxygruppen ist.

Unter Walden-Umkehr versteht man heute die bei jeder S_N2-Reaktion eintretende und deren Mechanismus exakt beschreibende Inversion, die man daher auch S_N2-Regel nennt. In dieser konzertierten Reaktion nähert sich das Nukleophil dem Edukt von der der Abgangsgruppe abgewandten Seite. Die Bindung zur Abgangsgruppe wird dabei in dem Maße gelöst, wie die Bindung zum Nukleophil geknüpft wird. Die im Molekül verbleibenden Gruppen klappen währenddessen – vergleichbar einem Regenschirm im Sturm – auf die andere Seite um, was zu deren umgekehrter räumlicher Anordnung gegenüber der ausgetauschten Gruppe führt. Im trigonal-bipyramidalen Übergangszustand sind sowohl Nukleophil als auch Abgangsgruppe jeweils in apicaler (axialer) Position gebunden.

Trotz Walden-Umkehr muß beispielsweise aus einem R-konfigurierten Edukt nicht unbedingt ein S-konfiguriertes Produkt entstehen, weil der Deskriptor aus der Rangfolge der Substituenten ermittelt wird, die aber in Edukt und Produkt nicht übereinstimmen muß, wie folgendes Beispiel zeigt.

(R)-2-Chlorpropansäureethylester   (R)-2-Cyanpropansäureethylester

Literatur

1. Zitierte Literatur

[1]   H. Kolbe: *Zeichen der Zeit*, J. Prakt. Chem. **15**, 473–477 (1877)
[2]   Primo Levi: *Das periodische System*, Deutscher Taschenbuch Verlag, München, 1991, S. 68
[3]   H. Oelschläger, D. Rothley: *Pharmakokinetik des Lipidsenkers Ciprofibrat*, Sci. Pharm. **60**(3), 180 (1992)
[4]   G. Blaschke, H. P. Kraft, K. Fickentscher, F. Köhler: *Chromatographische Racemattrennung von Thalidomid und teratogene Wirkung der Enantiomere*, Arzneim.-Forsch./Drug Res. **29**, 1640–1642 (1979)
[5]   S. Fabro, R. L. Smith, R. T. Williams: *Toxicity and Teratogenicity of Optical Isomers of Thalidomide*, Nature **215**, 296 (1967)
[6]   Tommy Eriksson, Sven Björkman, Bodil Roth, Åsa Fyge, Peter Höglund: *Stereospecific Determination, Chiral Inversion in vitro and Pharmacokinetics in Humans of the Enantiomers of Thalidomide*, Chirality **7**, 44–52 (1995)
[7]   A. Mannschreck, H. Koller, G. Stühler, M. A. Davies, J. Traber: *The enantiomers of methaqualone and their unequal anticonvulsive activity*, Eur. J. Med. Chem. **19**(4), 381–383 (1984)
[8]   Ken D. Shimizu, Heather O. Freyer, Richard D. Adams: *Synthesis, resolution and structure of axially chiral atropisomeric N-arylimides*, Tetrahedron Lett. **41**, 5431–5434 (2000)
[9]   J. Bredt, Jos. Houben, Paul Levy: *Ueber isomere Dehydrocamphersäuren, Lauronolsäuren und Bihydrolauro-Lactone*, Ber. Dtsch. Chem. Ges. **35**, 1286–1292 (1902)
[10] J. Bredt: *Über sterische Hinderung in Brückenringen (Bredtsche Regel) und über die meso-trans-Stellung in kondensierten Ringsystemen des Hexamethylens*, Justus Liebigs Ann. Chem. **437**, 1–13 (1924)
[11] Reinhart Keese: *Methoden zur Herstellung von Brückenkopf-Olefinen*, Angew. Chem. **87**(16), 568–578 (1975); Angew. Chem. Int. Ed. Engl. **14**(8), 528–538 (1975)
[12] Reinhart Keese, Ernst-Peter Krebs: *Existiert 1-Norbornen?*, Angew. Chem. **84**(11), 540–542 (1972); Angew. Chem. Int. Ed. Engl. **11**(6), 518–520 (1972)
[13] Carl R. Johnson, Michael R. Barbachyn: *β-Hydroxysulfoximine-Directed Simmons-Smith Cyclopropanations. Synthesis of (–)- and (+)-Thujopsene*, J. Am. Chem. Soc. **104**, 4290–4291 (1982)

[14] Wenyuan Qian, Yves Rubin: *A Parallel Library of all Seven* $A_2+B_2+C_2$ T_h *Regioisomeric Hexakisadducts of Fullerene* C_{60}: *Inspiration from Werner's Octahedral Stereoisomerism*, Angew. Chem. **112**(17), 3263–3267 (2000); Angew. Chem. Int. Ed. **39**(17), 3133–3137 (2000)

[15] Donald J. Cram, Fathy Ahmed Abd Elhafez: *Studies in Stereochemistry. X. The Rule of "Steric Control of Asymmetric Induction" in the Syntheses of Acyclic Systems*, J. Am. Chem. Soc. **74**, 5828–5835 (1952)

[16] Leo A. Paquette, Jinsung Tae, Eugene R. Hickey, William E. Trego, Robin D. Rogers: *Preorganized Ligand Arrays Based on Spirotetrahydrofuranyl Motifs. Synthesis of Stereoisomeric 1,8,14-Trioxatrispiro[4.1.4.1.4.1]octadecanes and the Contrasting Conformational Features and Ionic Binding Capacities of These Belted Ionophores*, J. Org. Chem. **65**, 9160–9171 (2000)

[17] Oliver Trapp, Gabriele Trapp, Jingwu Kong, Uwe Hahn, Fritz Vögtle, Volker Schurig: *Probing the Stereointegrity of Tröger's Base – A Dynamic Electrokinetic Chromatographic Study*, Chem. Eur. J. **8**(16), 3629–3634 (2002)

[18] Peter R. Schreiner: *Das „richtige" Lehren: eine Lektion aus dem falsch verstandenen Ursprung der Rotationsbarriere im Ethan*, Angew. Chem. **114**(19), 3729–3731 (2002); Angew. Chem. Int. Ed. **41**(19), 3579–3581 (2002)

[19] F. Matthias Bickelhaupt, Evert Jan Baerends: *The Case for Steric Repulsion Causing the Staggered Conformation of Ethane*, Angew. Chem. **115**(35), 4315–4320 (2003); Angew. Chem. Int. Ed. **42**(35), 4183–4188 (2003)

[20] Frank Weinhold: *Rebuttal to the Bickelhaupt–Baerends Case for Steric Repulsion Causing the Staggered Conformation of Ethane*, Angew. Chem. **115**(35), 4320–4326 (2003); Angew. Chem. Int. Ed. **42**(35), 4188–4194 (2003)

[21] P. Walden: *Ueber die gegenseitige Umwandlung optischer Antipoden*, Ber. Dtsch. Chem. Ges. **29**, 133–138 (1896)

[22] P. Walden: *Ueber die gegenseitige Umwandlung optischer Antipoden. [III. Mittheilung]*, Ber. Dtsch. Chem. Ges. **30**, 3146–3151 (1897)

2. Weiterführende Literatur (Auswahl)

a) Regeln und Empfehlungen der IUPAC

*   Basic Terminology of Stereochemistry, Pure Appl. Chem. **68**(12), 2193–2222 (1996)

Graphical Representation of Stereochemical Configuration, Pure Appl. Chem. **78**(10), 1897–1970 (2006)

*   Nomenclature of Carbohydrates, Pure Appl. Chem. **68**(10), 1919–2008 (1996)

*   Nomenclature of Cyclitols, Pure Appl. Chem. **37**, 283–297 (1974)

*   Numbering of atoms in myo-inositol, Eur. J. Biochem. **180**, 485–486 (1989); Biochem. J. **258**, 1–2 (1989)

*   Nomenclature of Glycolipids, Pure Appl. Chem. **69**(12), 2475–2487 (1997)

*   The Nomenclature of Lipids, Recommendations 1976, Eur. J. Biochem. **79**, 11–21 (1977)

* Nomenclature and Symbolism for Amino Acids and Peptides (Recommendations 1983), Pure Appl. Chem. 56(5), 595–624 (1984); Eur. J. Biochem. 138, 9–
  37 (1984)
* Revised Section F: Natural Products and Related Compounds, Pure Appl.
  Chem. 71(4), 587–643 (1999); 76(6), 1283–1292 (2004); deutsche Ausgabe:
  Hans Schick, Karl-Heinz Hellwich, Kathrin-Maria Roy: Überarbeiteter Abschnitt F: Naturstoffe und verwandte Verbindungen, Angew. Chem. 117(47),
  7985–8014 (2005); 118(23), 3983 (2006)
Stereochemical Definitions and Notations Relating to Polymers, Pure Appl. Chem.
  53, 733–752 (1981)
Definitions Relating to Stereochemically Asymmetric Polymerizations, Pure Appl.
  Chem. 74, 915–922 (2002)
* Extension and Revision of the von Baeyer System for Naming Polycyclic Compounds (Including Bicyclic Compounds), Pure Appl. Chem. 71(3), 513–529
  (1999); deutsche Ausgabe: Karl-Heinz Hellwich: Erweiterung und Revision
  des von-Baeyer-Systems zur Benennung polycyclischer Verbindungen (einschließlich bicyclischer Verbindungen), Angew. Chem. 114(17), 3423–3432
  (2002)
* Glossary of Terms Used in Physical Organic Chemistry, Pure Appl. Chem.
  66(5), 1077–1184 (1994)
* Glossary of Terms used in Medicinal Chemistry, Pure Appl. Chem. 70(5),
  1129–1143 (1998)
International Union of Pure and Applied Chemistry (IUPAC), Organic Chemistry
  Division, Commission on Nomenclature of Organic Chemistry, J. Rigaudy,
  S. P. Klesney, Hrsg.: Nomenclature of Organic Chemistry, Sections A, B, C, D,
  E, F and H, 1979 Edition, Pergamon Press, Oxford, 1979
International Union of Pure and Applied Chemistry (IUPAC), G. Kruse, Hrsg.:
  Nomenklatur der Organischen Chemie – Eine Einführung, VCH, Weinheim,
  1997
* Phane nomenclature Part I: Phane parent names, Pure Appl. Chem. 70, 1513–
  1545 (1998); deutsche Ausgabe: Karl-Heinz Hellwich: Phannomenklatur Teil
  I: Phanstammnamen, Angew. Chem. 118(23), 3967–3984 (2006)
* Phane nomenclature. Part II. Modification of the degree of hydrogenation and
  substitution derivatives of phane parent hydrides, Pure Appl. Chem. 74, 809–
  834 (2002); deutsche Ausgabe: Karl-Heinz Hellwich, Kerstin Ibrom: Phannomenklatur Teil II: Änderung des Hydrierungsgrades und Substitutionsderi-
  vate von Phanstammverbindungen, Angew. Chem. 118(35), 6023–6033 (2006)
Die vorstehend mit einem Stern (*) gekennzeichneten Quellen sind auch über die
Adresse http://www.chem.qmul.ac.uk/iupac/ im Internet zugänglich.

b) Grundlegende Werke

R. S. Cahn, Sir Christopher Ingold, V. Prelog: Spezifikation der molekularen Chiralität, Angew. Chem. 78, 413–447 (1966); Angew. Chem. Int. Ed. Engl. 5, 385–
  415 + 511 (1966)

Vladimir Prelog, Günter Helmchen: *Grundlagen des CIP-Systems und Vorschläge für eine Revision*, Angew. Chem. **94**, 614–631 (1982); Angew. Chem. Int. Ed. Engl. **21**, 567–583 (1982)

Günter Helmchen: *Nomenclature and Vocabulary of Organic Stereochemistry*, in: Methods of Organic Chemistry (Houben-Weyl), Volume E21a, Stereoselective Synthesis, Thieme, Stuttgart, New York, 1995, S. 1–74

Ernest L. Eliel, Samuel H. Wilen: *Stereochemistry of Organic Compounds*, Wiley, New York, Chichester, Brisbane, Singapore, Toronto, 1994

E. L. Eliel, S. H. Wilen: *Organische Stereochemie* (gekürzte Übersetzung), Wiley-VCH, Weinheim, New York, Chichester, Brisbane, Singapore, Toronto, 1997

Ernest L. Eliel, Samuel H. Wilen, Michael P. Doyle: *Basic Organic Stereochemistry*, Wiley, New York, Chichester, Weinheim, Brisbane, Singapore, Toronto, 2001

Bernard Testa: *Grundlagen der Organischen Stereochemie*, Verlag Chemie, Weinheim, 1983

Hermann J. Roth, Christa E. Müller, Gerd Folkers: *Stereochemie & Arzneistoffe*, Wissenschaftliche Verlagsgesellschaft, Stuttgart, 1998

Gerhard Quinkert, Ernst Egert, Christian Griesinger: *Aspekte der Organischen Chemie, Struktur*, Verlag Helvetica Chimica Acta, Verlag Chemie, Basel 1995

Siegfried Hauptmann, Gerhard Mann: *Stereochemie*, Spektrum Akademischer Verlag, Heidelberg, 1996

Sheila R. Buxton, Stanley M. Roberts: *Einführung in die Organische Stereochemie*, Vieweg, Braunschweig, Wiesbaden, Springer-Verlag, Berlin, 1999

Karl-Heinz Hellwich, Carsten D. Siebert: *Übungen zur Stereochemie*, Springer-Verlag, Berlin, 2003, 2. Aufl. 2007

Christoph Rücker, Joachim Braun: *UNIMOLIS, Ein computerunterstützter Kurs zu molekularer Symmetrie und Isomerie*, http://www.unimolis.de

c) Spezielle Literatur

Alexander von Zelewsky: *Stereochemistry of Coordination Compounds*, John Wiley & Sons, Chichester, 1996

Lewis N. Mander: *Stereoselektive Synthese*, Wiley-VCH, Weinheim, New York, Chichester, Brisbane, Singapore, Toronto, 1998

Robert S. Ward: *Selectivity in Organic Synthesis*, Wiley, Chichester, New York, Weinheim, Brisbane, Singapore, Toronto, 1999

Mihály Nógrády: *Stereoselective Synthesis, A Practical Approach*, 2. Aufl., VCH, Weinheim, New York, Basel, Cambridge, Tokyo, 1995

Dieter Seebach, Vladimir Prelog: *Spezifikation des sterischen Verlaufs von asymmetrischen Synthesen*, Angew. Chem. **94**, 696–702 (1982); Angew. Chem. Int. Ed. Engl. **21**, 654–660 (1982)

Fritz Vögtle, Joachim Franke, Arno Aigner, Detlev Worsch: *Die Cramsche Regel*, Chemie in unserer Zeit **18**(6), 203–210 (1984)

D. Enders, R. W. Hoffmann: *Asymmetrische Synthese*, Chemie in unserer Zeit **19**(6), 177–190 (1985)

Philip M. Warner: *Strained Bridgehead Double Bonds*, Chem. Rev. **89**, 1067–1093 (1989)

V. R. Meyer: *Chromatographische Enantiomerentrennung*, Pharmazie in unserer Zeit **18**(5), 140–145 (1989)

Hans-Jürgen Federsel: *Chirale Arzneimittel*, Chemie in unserer Zeit **27**(2), 78–87 (1993)

Ulrike Holzgrabe, Gesine Bejeuhr: *Racemate, Ihre Bedeutung in der Arzneimitteltherapie*, Dtsch. Apoth. Ztg. **134**(23), 2133–2144 (1994)

István Hargittai, Magdolna Hargittai: *Symmetry through the Eyes of a Chemist*, VCH, Weinheim, 1986

H. Hirschmann, Kenneth R. Hansen: *Elements of Stereoisomerism and Prostereoisomerism*, J. Org. Chem. **36**, 3293–3306 (1971)

Roland H. Custer: *Mathematical Statements About the Revised CIP-System*, Match **21**, 3–31 (1986)

Paulina Mata, Ana M. Lobo, Chris Marshall, A. Peter Johnson: *The CIP Sequence Rules: Analysis and Proposal for a Revision*, Tetrahdron: Asymmetry **4**, 657–668 (1993)

Günter Helmchen: *Glossary of Problematic Terms in Organic Stereochemistry*, Enantiomer **1**(1), vier nicht numerierte Seiten nach S. 84 (1996)

Robert E. Gawley: *Do the Terms "% ee" and "% de" Make Sense as Expressions of Stereoisomer Composition or Stereoselectivity?* J. Org. Chem. **71**(6), 2411–2416 (2006)

Chemical Abstracts Index Guide 1999, American Chemical Society, 1999 (Diese Ausgabe weist gegenüber früheren Ausgaben crhebliche Änderungen bei den stereochemischen Bezeichnungen auf.)

Karl-Heinz Hellwich: *Chemische Nomenklatur, Die systematische Benennung organisch-chemischer Verbindungen*, Govi-Verlag, Eschborn, 1998, 2. Aufl. 2002, 2006

Sachverzeichnis

Die Internationalen Freinamen (INN) und vorgeschlagenen INN (INNv) von in diesem Buch erwähnten Arzneistoffen sind im Sachverzeichnis entsprechend kenntlich gemacht.